炼化企业非常规水资源利用技术与实例

李本高　纪　轩　王　辉　编著

中国石化出版社

内 容 提 要

本书在深入分析炼化企业主要生产装置用水特点和排放污水特点的基础上，阐述了生产过程产生的污水串级利用技术、达标污水适度处理回用循环水技术、外排污水深度处理回用技术、市政中水利用技术和淡化海水利用技术等五大非常规水资源利用技术，重点介绍了各项技术的特点、原理、工艺流程和应用条件，并附有工程应用实例。

本书所有数据来源于实践总结，可为炼化企业相关领导和工程技术人员提供参考，也可作为高等院校相关专业学生的参考用书。

图书在版编目(CIP)数据

炼化企业非常规水资源利用技术与实例／李本高，纪轩，王辉编著.—北京：中国石化出版社，2020.7
ISBN 978-7-5114-5900-8

Ⅰ.①炼… Ⅱ.①李… ②纪… ③王… Ⅲ.①石油炼制-工业废水-废水综合利用 Ⅳ.①X703

中国版本图书馆 CIP 数据核字(2020)第 137629 号

中国石化出版社出版发行
地址：北京市东城区安定门外大街 58 号
邮编：100011 电话：(010)57512500
发行部电话：(010)57512575
http://www.sinopec-press.com
E-mail：press@sinopec.com
北京柏力行彩印有限公司印刷
全国各地新华书店经销

*

710×1000 毫米 16 开本 8.75 印张 148 千字
2020 年 8 月第 1 版 2020 年 8 月第 1 次印刷
定价：45.00 元

前　言

PREFACE

随着社会经济的高速发展和人口的增加，全球正面临着严重的水资源不足和环境污染问题。我国尤甚，人均水资源量不到世界平均水平的1/4，时空分布特别不均，导致我国大部分地区的水资源不足，特别是广大的“三北”地区，水资源严重不足。经过不懈的努力，特别是近20年科学技术的快速发展，我国在水资源开源与节流方面取得了很大成功，积累了丰富的实践经验，水资源利用率不断提高，万元工业产值的取水量大幅下降。

炼化企业是用水大户，也是污水排放大户，是我国五大高耗水行业之一；自2000年开展节水减排工作以来，经历了提高认识、管理节水、技术节水三个阶段。根据不同水质和不同用户对水质的要求，先后成功开发了达标污水适度处理回用循环水成套技术、外排污水深度处理生产准一级脱盐水技术、生产污水串级利用技术、市政中水利用技术、淡化海水利用技术等，构成了比较完整的节水和减排技术体系。较好支撑了非常规水资源在炼化企业的利用，使平均加工吨原油取水从1999年的2.4t降低到2018年的0.5t以下，排污从2.0t降低到0.2t以下，不但有效缓解了炼化企业快速发展与水资源的供求矛盾，而且节约了宝贵的水资源和减少了排污水量，取得了巨大的社会效益和经济效益。

本书力图把当前炼化企业在非常规水资源利用方面开发成功的技术和经验进行全面分析、归纳和总结，作为与广大读者分享的礼物。

李本高教授负责本书第一章、第四章和第五章编写；纪轩教授负责第六章和第七章编写；王辉博士负责第二章和第三章编写。全书由李本高教授统稿。

本书能够顺利出版，要感谢中国石化能源管理与环境保护部、石油化工科学研究院以及中国石化出版社的大力支持！我们虽然长期从事炼化企业节水减排技术研发与应用方面的工作，但由于水平有限，可能难以完整实现我们这个美好的初衷，对书中可能存在的问题和错误，真诚希望得到读者的指正和谅解。

目录

CONTENTS

第一章 炼化企业用水特点

炼化企业的石油加工装置主要包括常减压蒸馏、催化裂化、催化重整、加氢裂化、延迟焦化和空分等生产装置，石油化工装置主要包括乙烯、丙烯、芳烃、化纤、橡胶和己内酰胺等生产装置。不同的生产装置虽然使用的原料不同，生产的产品也不同，但生产过程都需要使用大量的除盐水(化学水)、循环冷却水、工艺水等不同类型水质水，水是构成企业生产必不可少的要素。

第一节 除盐水

炼化企业生产过程使用蒸汽作为加热热源，或回收工艺过程高温介质的热能，都需要使用大量的高品质除盐水。除盐水水质很好，纯度高，一般以工业水采用离子交换树脂脱盐或反渗透脱盐来制备，因而消耗大量的工业水。根据国内外对大型炼化企业用水调查统计结果，除盐水消耗的工业水量约占企业总取水的50%，是炼化企业最大的耗水用户。

由于工艺过程需要使用不同品质的蒸汽，需要由不同压力等级的锅炉产生，因而对除盐水水质有不同要求，表1-1是不同压力等级锅炉和不同锅炉类型对给水中的硬度、溶氧、铁、铜、钠和二氧化硅含量的要求标准。对汽包炉，随锅炉压力等级的提高，对给水中的硬度、溶氧、铁和铜等水质指标的要求也逐步提高，如锅炉压力等级从3.82MPa提高到18.62MPa，要求硬度从3.0μmol/L降低到0μmol/L，溶氧从15μg/L降低到7μg/L，铁从50μg/L降低到20μg/L，铜从10μg/L降低到5μg/L。相同压力等级条件下，直流炉对给水水质的要求较汽包炉更严，如压力等级在5.88~18.62MPa，直流炉要求给水中的硬度都为0μmol/L。

表 1-1　给水水质标准

炉型	锅炉压力/MPa	硬度#/(μmol/L)	溶氧/(μg/L)	铁/(μg/L)	铜/(μg/L)	钠/(μg/L)	二氧化硅/(μg/L)
汽包炉	3.82~5.78	≤3.0	≤15	≤50	≤10		应保证蒸汽中二氧化硅符合标准≤20
	5.88~12.64	≤2.0	≤7	≤30	≤5		
	12.74~15.58	≤2.0	≤7	≤20	≤5		
	15.68~18.62	~0	≤7	≤20	≤5		
直流炉	5.88~18.62	~0	≤7	≤10	≤5##	≤20##	≤20###

注：#有凝结水处理电厂的给水硬度应为 0μg/L。

##争取≤3μg/L。

###争取≤7μg/L。

第二节　循环冷却水

炼化企业生产过程大量的工艺物料不仅需要加热，而且需要冷却，因而需要使用大量的冷却水。为减少冷却水的水耗，一般都采用循环冷却方式。根据国内外对大型炼化企业用水的调查结果，循环冷却水系统是炼化企业最大的水用户，使用的水量一般占企业总用水量约 90%，消耗的工业水量一般约占企业总取水的 35%，是炼化企业第二大耗水大户。

为避免循环冷却水运行过程蒸发浓缩等因素使水质恶化，带来生产设备腐蚀、结垢和生物问题，影响生产装置的正常运行，对循环冷却水水质有严格要求，表 1-2 是 GB/T 50050—2017 间冷系统循环冷却水的主要水质指标，对浊度、pH、硬度、碱度、总铁、铜离子、氯离子、硫酸根离子、硅酸根离子和游离氯等水质作出了明确规定。

循环冷却水系统使用的工业水一般是经过处理后的地表水，如河水、水库水等。由于地表水水质受地域、气候和季节等因素的影响较大，因而不同地域的水质相差很大，同一地域在不同气候和不同季节的水质也很不一样，因此使用前一般需要经过沉淀、过滤和杀菌等方法进行处理，去除水中的悬浮物、微生物等杂质，使水质满足循环冷却水的要求。

表 1-2　间冷开式系统循环冷却水主要水质指标

项　目	指　标	使用条件
浊度/NTU	≤20	根据生产条件定
pH(25℃)	6.8~9.5	—
钙硬+全碱度(以 $CaCO_3$ 计)/(mg/L)	≤1100	—

续表

项　　目	指　　标	使用条件
总铁	≤2.0	—
Cu^{2+}/(mg/L)	≤0.1	—
Cl^-/(mg/L)	≤1000	水走管程
$SO_4^{2-}+Cl^-$/(mg/L)	≤2500	—
硅酸(以 SiO_2 计)/(mg/L)	≤175	—
$Mg^{2+}\times SiO_2$(Mg^{2+} 以 $CaCO_3$ 计)/(mg/L)	≤50000	—
游离氯/(mg/L)	0.1~1.0	循环回水总管

第三节　工艺水

炼化企业生产装置除了需要使用大量的除盐水和循环冷却水外，不同工艺过程还需要使用部分不同品质的工艺水，如原油电脱盐注水、加氢注水、冷焦和切焦水等。我国一般将除盐水和循环冷却水以外的生产用水都归并为工艺用水，水耗一般约占企业总取水的15%。

一、电脱盐注水

进厂原油中一般含有少量的无机盐和水，除小部分以结晶态悬浮于原油中外，绝大部分溶于原油所含的水中。而水以微粒状态分散于原油中，形成较稳定的油包水型乳化液。表1-3是我国几种主要原油进厂含盐含水情况。

原油电脱盐的主要目的是减轻常减压装置腐蚀以及避免对二次加工使用催化剂的影响，因此，一般要求将原油含盐降低到3mg/L以下。我国炼油厂原油脱盐大都设有两级电脱盐，洗涤水一般从第二级注入，水量约为原油体积的3%~8%。二级电脱盐排水再回注到一级，一级电脱盐排水进入污水处理系统处理。

原油电脱盐使用的洗涤水在20世纪一般采用工业水或回收的冷凝水，或从常压塔顶油气分离器回收的汽提蒸汽冷凝水。为节约用水、降低企业水耗，并减少污水处理量，当前大多数炼油厂都采用酸性汽提净化水。

酸性水经过汽提，产生的净化水除含有一定浓度的 *COD* 和氨氮外，基本不含无机盐，水质完全满足原油电脱盐要求，因而被广泛回用于原油电脱盐，既节省了工业水，又减少了污水量。

表 1-3 我国几种主要原油进厂时含盐含水情况

原油种类	含盐量/(mg/L)	含水量/%(质量)
大庆原油	3~13	0.15~1.0
胜利原油	33~45	0.1~0.8
中原原油	0~200	0~1.0
华北原油	3~18	0.08~0.2
辽河原油	6~26	0.3~1.0
鲁宁管输原油	16~60	0.1~0.5
新疆原油	33~49	0.1~1.8

二、加氢注水

馏分油加氢的主要目的是脱硫和脱氮，将烃分子中的有机硫和有机氮转化为无机氨和硫化氢，因而加氢过程产生氨气和硫化氢，混合在反应器中的其他物料中。为了将混合在氢气和馏分油中的氨和硫化氢脱除，一般采用水洗方法，因此，反应物料在换热器中降温后，在最后一个换热器或冷却器之前注入一定量的凝结水，将混合物料中的氨和硫化氢转移到水中。

注入凝结水后的流出物经空气冷却器或水冷却器后，进入高压分离器，对富氢气体、油、水进行分离。从高压分离器顶部出来的循环氢气直接与新氢混合，在循环氢气压缩机中升压后去反应器；也可先经胺液洗涤塔，除去气体中的 H_2S 后，再与新氢混合，去循环氢压缩机升压，再去反应器。

反应液体产物和酸性水可由高压分离器底部分别流出，液体产物可用液力涡轮泵回收能量后去低压分离器，也可直接减压后去低压分离器。在低压分离器中，溶在液体产物中的气体及轻烃释出，释出气体后的液体产物送去分馏部分。

酸性水可在低压分离器排出，也可在高压分离器排出，高压分离器底部排出的酸性水，送去酸性水处理装置。加氢气液分离注水工艺流程如图 1-1 所示。

三、焦化用水

焦化装置工艺用水包括冷焦水、除焦水和加热炉注水。

1. 冷焦水

冷焦水用低压水泵注入焦炭塔给水冷焦，除部分汽化放空外，大部分带油的热水经放水线进入隔油池，经过隔油回收浮油，水可循环使用。

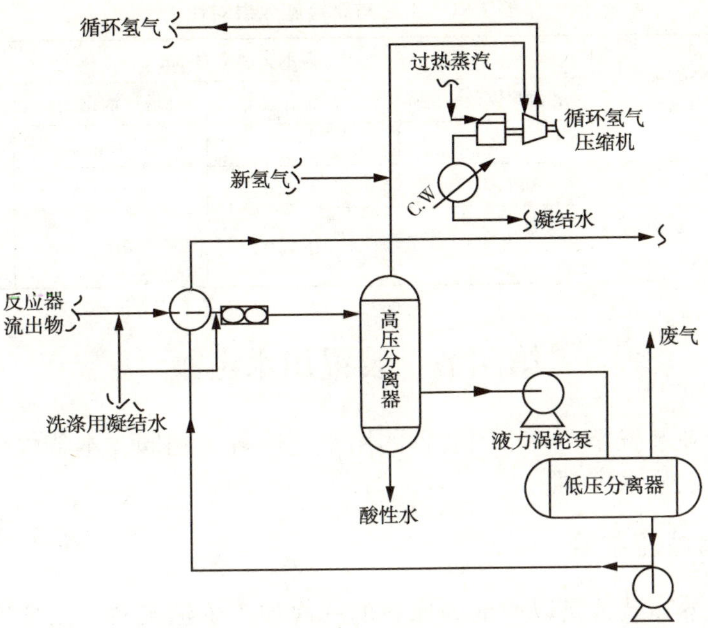

图 1-1　加氢气液分离注水工艺流程

2. 除焦水

除焦水由多级高压水泵升压到 13.0MPa 以上，送到焦炭塔顶经水龙带、钻杆、切割器喷嘴，形成高速水流，切割焦炭。水和焦炭一同流到 28°溜槽，滑到焦池，水继续流过隔焦栅栏，用污水泵抽送到一、二次沉降池，静止沉降一定时间除去焦粉后循环使用。焦炭则用 5t 桥式吊车抓成堆，以便装火车或给煅烧装置送料。

3. 加热炉注水

加热炉注水要求比较严格，现在普遍采用蒸汽冷凝水或软化水，用注水泵注入加热炉的对流室注水预热炉管，加热到 300℃左右，注入辐射室焦化炉管内。注入的水经过焦炭塔、分馏塔顶经冷凝变成水在油水分离器脱除、排污。

四、常减压注水

抑制原油蒸馏装置中设备和管线腐蚀的主要办法有两个：一是对低温的塔顶以及塔顶油气馏出线上的冷凝冷却系统采取化学防腐措施，即脱盐、脱水、注碱、注中和剂（注氨水）、注缓蚀剂、注水等；二是对温度大于 250℃的设备、管线等高温部位的防腐措施，主要是选用合适的耐蚀材料。某厂常压塔顶馏出系统采用化学防腐措施后，各部分腐蚀对比见表 1-4。

表 1-4　工艺防腐措施效果对比

防腐措施	碳钢腐蚀率/(mm/a)			
	塔顶筒体及头盖	上部塔盘	塔顶馏出线	空冷器
无任何措施	2	2		4
脱盐至<5mg/L	0.1~0.2	1.7	0.1~0.2	2.0~2.5
脱盐至<5mg/L并注碱、氨、缓蚀剂和水	0.1	0.4	<0.1	0.1~0.2

第四节　装置用水定额

炼化企业装置繁多，不同装置的用水定额各不相同，本节仅介绍石油加工主要装置的用水定额。

一、常减压装置

常减压蒸馏装置是以原油为原料的一次加工炼油装置，主要产品有石脑油、汽油、灯油、航空煤油、溶剂油、柴油、润滑油、蜡油及渣油等。其中石脑油、蜡油及渣油馏分是二次加工装置的原料。常减压装置是原油加工的第一道工序，它一般包括电脱盐、常压蒸馏、减压蒸馏三部分。原油电脱盐是原油加工的预处理工序；常压蒸馏一般可切割出重整原料、溶剂油、煤油（或航空煤油）、轻重柴油等产品；减压蒸馏可切割出几个润滑油馏分或者催化或加氢裂化原料。装置加工剩下的减压渣油根据炼油厂总流程的安排可有不同用途，如用于做溶剂脱沥青原料、延迟焦化或减黏裂化原料，或直接出厂做燃料油，也有的炼油厂将渣油作为调和生产沥青的原料。

常减压蒸馏装置的用水量与装置采用的技术水平、装置规模、设计有关。20世纪80年代，我国炼油厂常减压蒸馏装置的耗水量一般为5.2t水/t原油，消耗的水主要包括循环冷却水、新鲜水和软化水，国内某炼油厂常减压装置的耗水量见表1-5。

表 1-5　某炼油厂常减压装置耗水统计表

项　目	数量/(t水/t原油)	项　目	数量/(t水/t原油)
原油加工量	3.11	循环水	2.70
新鲜水	0.43	软化水	0.036

由于水资源紧张，不少炼油企业采用节水型装置设计，用空冷取代水冷，以降低耗水量。20世纪90年代末，国内某炼油厂8Mt/a常减压装置的设计消耗水量见表1-6。

表 1-6　某炼油厂常减压装置设计耗水量

项　目	设计耗水量/(t 水/t 原油)	项　目	设计耗水量/(t 水/t 原油)
新鲜水	0.0026	软化水	0.0278
循环水	2.173		

二、催化裂化装置

催化裂化是炼油厂二次加工的重要装置，是重质油品轻质化的主要手段，是高辛烷值汽油、液化气和丙烯等化工原材料的主要来源。加工直馏减压馏分油和其他馏分油的称为馏分油催化裂化；加工常压渣油或掺炼减压渣油的称为重油催化裂化。

催化装置由反应-再生(含主风机、三旋、烟机)、分馏、吸收-稳定(含气压机)等系统组成，有的炼油厂还包括产品精制(包括干气脱硫，液化气脱硫、脱硫醇，汽油预碱洗及固定床反应器脱硫醇)及气体分馏等系统。

催化装置的核心是反应-再生系统。目前，国内催化装置反应-再生系统的两器结构及布置型式非常多，反应器和再生器的布置有同高并列式、高低并列式、同轴式等；反应器床型均为流化床，而且用提升管逐步取代了床层裂化；再生床型有鼓泡床、湍流床和快速床，再生方式有完全燃烧和不完全燃烧，实现催化剂再生的方式有单段再生和两段再生，单段再生又有常规再生和加助剂再生，两段再生有器内再生和器外再生之分，器内两段再生有加隔板、内套筒和烟气串联的两段再生等型式，器外两段再生有前置烧焦罐、后置烧焦罐、第一和第二再生器等型式，对需要取出再生过剩热的取热设施，有内取热器和外取热器两大类。

由于国内炼油厂的催化装置设计年代长短不一，装置布置类型较多，流程设置也不一样，因此，用水量指标也不一样。最近设计投产的某炼油厂3Mt/a 大型催化裂化装置(含产品精制、气体分馏等装置)，耗水见表 1-7。

表 1-7　大型催化裂化装置用水

项目	全装置	其中			
		催化裂化	产品精制	气体分馏	备注
新鲜水/(t/h)	24/220	20/220	0/180	4	最大/最小
循环水/(t/h)	4993/5735	3589/4842	398	1006	

三、催化重整装置

催化重整是炼油和石油化工工业生产高辛烷值汽油组分和轻质芳烃的主

要工艺过程，副产氢气纯度高，是加氢过程的重要氢气来源。工艺过程主要由原料预处理和催化重整两部分组成。当催化重整生产轻质芳烃时，催化重整装置一般与芳烃抽提装置组成联合装置，芳烃抽提装置包括芳烃抽提和芳烃精馏两部分。

原料预处理包括预分馏、预加氢及其分离系统两部分。预分馏的目的是从全沸程石脑油中切取合适的重整进料组分。生产轻质芳烃时，一般切取65～160℃馏分；生产高辛烷值汽油组分时，则切取80～180℃馏分。预加氢的目的是脱除原料油中的水分、硫、氮、砷、铅、铜等杂质，避免重整催化剂中毒，获得符合要求的重整进料。

催化重整是将 C_6~C_{11} 石脑油馏分，在一定操作条件和催化剂作用下，进行环烷脱氢、异构化、烷烃脱氢环化、加氢裂化、脱甲基、芳烃脱烷基等多种反应，使环烷烃和部分烷烃主要转化成芳烃，同时副产氢气。

从重整油中分离芳烃的方法有溶剂抽提法、吸附法、抽提蒸馏法、共沸蒸馏法等。目前，用溶剂抽提法将重整生成油中的芳烃与非芳烃分开是工业生产芳烃的主要手段。近年来，国内外对溶剂抽提工艺和新溶剂的选择做了大量的工作，相继研究出以二乙二醇醚为溶剂的 UDEX 法、以环丁砜为溶剂的 Sulfolane 法、以 *N*–甲基吡咯烷酮为溶剂的 Arosolvan 法、以二甲亚砜为溶剂的 IFP 法和以 *N*–甲酰基吗啉为溶剂的 FormexIFC 法，并陆续投入生产。我国目前使用较多的抽提溶剂有三乙二醇醚、二乙二醇醚和环丁砜，近年来，用四乙二醇醚作为抽提溶剂的工艺技术也有了发展。

催化重整装置的用水量与装置所采用的技术水平、装置规模、设计思想有关，一般半再生重整的消耗指标见表 1–8。

表 1–8　半再生重整的水汽消耗指标

项　目		重整	重整及抽提
t 重整料消耗	蒸汽/kg	19.0	935
	循环水/t	6.5	24.2
	新鲜水/kg	0.9	2.8

四、加氢裂化装置

现代炼油技术中“加氢裂化”是指通过加氢反应使原料油中 10%和 10%以上的分子变小的那些加氢工艺。其中包括：馏分油加氢改质，渣油加氢改质，减压瓦斯油（VGO）加氢改质生产润滑油基础油料和其他加氢工艺（催化脱蜡、异构脱蜡生产低凝点柴油，催化脱蜡、异构脱蜡生产润滑油基础油）。通常所说的“常规（高压）加氢裂化”是指反应压力在 10.0MPa 以上的加氢裂化工艺；“缓和–中压加氢裂化”是指反应压力在 10.0MPa 以下的加氢裂化工艺。

加氢裂化是大量生产优质中间馏分油（喷气燃料和柴油等）和调整油品结构的重要手段。而且，它还是唯一能在轻质化同时，直接制取低硫、低芳烃清洁燃料的重要手段。加氢裂化可以最大量生产芳烃潜含量高的优质重整原料，以进一步制取BTX轻质芳烃或高辛烷值组分。加氢裂化尾油既可以作为制取乙烯的优质原料，又可以作为低硫的催化裂化原料。当采用不同催化剂匹配及组合时，它又是生产符合API度高档润滑油基础料的关键技术。加氢裂化已成为石油化工企业的关键技术，发挥着其他工艺不可替代的作用。

加氢裂化装置的用水量与装置所采用的技术水平、装置规模、加工原料、产品种类及设计思想有关。国内某炼油厂的1Mt/a加氢裂化（含反应、分馏、脱硫、液化气分馏单元）的设计用水指标见表1-9。

表1-9 1Mt/a加氢裂化装置设计用水量

项目	单位	设计指标值
新鲜水	t/h	1（最大31）
循环水	t/h	1563
脱盐水	t/h	7.6

目前由于水资源紧张，不少炼油企业采用节水型装置设计，用空冷取代水冷，以降低耗水量。

五、延迟焦化装置

焦化工艺是重质油深度加工的主要方法之一。它对于提高炼油厂轻质油收率、生产优质石油焦、增加炼油厂经济效益起着重要的作用。焦化是焦炭化的简称，它可以用残渣油为原料，在高温条件下，通过深度裂解和缩合，转化为气体、轻质油、中间馏分及焦炭的加工过程。焦化的工艺方法有釜式焦化、平炉焦化、接触焦化、流化焦化和延迟焦化五种。

延迟焦化的主要特点是原料在通过管式加热炉加热过程中，采用高的流速和较高的加热强度，使油品在短时间内达到焦化反应温度，并迅速离开加热炉管，进入焦炭塔。由于原料在高温炉管内停留时间很短，使焦化反应推迟到焦炭塔内进行，因而称为"延迟"焦化。国内传统意义上的延迟焦化一般仅有一炉二塔或二炉四塔流程。现已与为增产液化气新设吸收稳定系统、为净化干气和液化气而增设的脱硫系统组合在一起而成联合装置。因净化干气可作制氢原料，亦可和制氢装置、焦化汽柴油加氢装置一起组成联合装置。

根据延迟焦化装置的设计规模和联合程度的不同，装置的消耗指标也不相同，统计国内各套焦化装置的设计情况，以大庆渣油和胜利渣油为原料的焦化装置的消耗指标见表1-10。

表 1-10　消耗指标

项　　目	大庆渣油	胜利渣油
新鲜水/(t/t 原料)	0.8	1.9
循环水/(t/t 原料)	9.5	23
蒸汽/(t/t 原料)	0.3	0.5

六、气体分离装置

炼油厂气体分馏的任务，是按照气体加工装置的要求，切割各种馏分。炼油厂液化气中主要成分为 C_3、C_4 烯烃和烷烃。采用常规精馏方法即可切割成合乎要求的馏分。一般气体分馏的上游是催化裂化装置，主要是将催化的液化气分离成精丙烯、丙烷、轻碳四和重碳四等馏分。将液化气切割成 n 个组分时，需要的分馏塔为 $n-1$ 个。例如需要切割成 4 个组分时，所需的分馏塔为 3 个，可能组合的方案为 5 个。

气体分馏流程方案的选择与原料组成密切相关。在满足分离要求的前提下，工艺流程应尽量使能耗和设备投资最低。最优流程需通过多方案工艺计算才能确定，方案一般参考如下原则：

(1) 把分馏最难分离组分的塔的进料减到最少，这样可减小设备尺寸和能耗。

(2) 尽量使塔顶和塔底的产品量接近相等。

(3) 尽量减少易聚合组分的加热次数。

(4) 使进入系统中所有塔的总热量为最小。

实际生产中，气体分馏流程有三塔、四塔和五塔之分，这取决于分馏所得产品的用途，例如生产聚丙烯，要求丙烯纯度达到聚合级，必须设第二丙烯塔。如用作生产丙烯腈、苯酚丙酮或异丙醇的原料，则丙烯纯度达到化学级即可。如设烷基化装置，则必须设轻重碳四分馏塔，否则只设脱戊烷塔即可。

气体分馏装置的消耗情况是根据装置设计方式的不同各有差异，装置如按热泵流程设计，尽管增加了设备的投资费用，但可大大降低装置能耗。表 1-11是气分装置的消耗指标。

表 1-11　不同规模的气体分馏装置消耗指标

项　　目	20×10^4t/a	15×10^4t/a	10×10^4t/a
新鲜水/(t/h)	1	5	8.25
循环冷却水/(t/h)	2060	1246	1648
3.5MPa 蒸汽/(t/h)	20	15	—
0.45MPa 蒸汽/(t/h)	5.1	3.8	—

第二章 炼油化工污水特点

炼油化工过程繁多(炼油、乙烯、化纤、芳烃等)，污水污染物种类千差万别。按照污染物浓度，可将炼油化工污水划分为特种污水、高浓度污水及低浓度污水；根据特征污染物种类，可将炼油化工污水划分为含油污水、含盐污水、含硫酸性水、含碱污水、低浓度清净污水(包括循环水排污水、化学水站中和水、锅炉炉水及烟气脱硫污水等)以及生活污水等。根据不同种类污水的水量及水质特点，本章内容将重点介绍含油污水、含盐污水、含硫酸性水以及低浓度清净污水中的锅炉炉水的特点。

第一节 含油污水

含油污水是炼油加工及储运等过程中排水量最大、含油量最高、产生源最广、最具代表性的一种污水，其水量约占污水总量的35%。水中主要含有原油、成品油、润滑油及少量的有机溶剂和催化剂等，水中的油多以浮油、分散油、乳化油及溶解油的状态存在于污水中。除此之外，还含有少量的硫、氨、酚、盐，其 *COD* 表观值不太高。含油污水主要来自生产、储运、公用工程等系统，包括油水分离器排水、油品水洗水、机泵轴封冷却水、地面冲洗水、油罐切水及清洗水、初期雨水、装置检修排水。含油污水的主要处理目标是油，除此之外还需进行生化处理才能达标或回用。

一、含油污水的性质

含油污水中的“油”，按照 HJ 637—2018《水质 石油类和动植物油类的测定 红外分光光度法》中的定义，是指能够被四氯化碳萃取且在波数为

2930cm^{-1}、2960cm^{-1}、3030cm^{-1}全部或部分谱带处有特征吸收的物质，主要包括石油类和动植物油类。根据含油污水中油滴直径的大小，污水中的油类可以分为浮油、分散油、乳化油和溶解油等四种。分离难易程度取决于油在水中的存在形式：

(1) 浮油，粒径大，一般大于100μm，不稳定，常以连续相的形式漂浮于水面，形成油膜或油层，占总含油量的60%~80%，一般可采用重力分离技术即可有效去除，采用隔油池、气浮等就能实现浮油的有效去除；

(2) 分散油，以微小油滴的形式悬浮于水中，性质不稳定，较易转化变成浮油或溶解油，油滴的粒径一般介于10~100μm之间；

(3) 乳化油，油滴粒径极小，一般小于1μm，多数在0.1~2μm之间，单纯用重力分离较困难；

(4) 溶解油，以分子状态存在于有机化合物之间，在水中呈均匀状态，油粒直径一般小于0.1μm，由于在水中的溶解度很小，仅占总油含量的0.5%以下，可采用生物化学的方法进行分解净化。乳化油由于油滴表面存在双电层或受乳化剂的保护导致了油滴难以合并，长期保持稳定状态，因此去除乳化油是含油污水处理的重点和难点。以胶体状态存在的微细分散油及乳化油，粒径较小，状态稳定而较难去除。

此外，含油污水中还存在其他杂质，如悬浮固体，其颗粒直径为1~100μm，包括泥沙、各种腐蚀产物及垢、细菌、有机物、胶体、沥青质类和石蜡等重质油类；胶体，其粒径为1×10^{-3}~1μm，主要由泥沙、腐蚀结垢产物和微细有机物构成；溶解物，指在污水中处于溶解状态的低分子及离子物质，包括溶解在水中的无机盐类和溶解气体。

表2-1为某炼化企业各类含油污水中油的分布形态。

表2-1 炼油装置污水中油的分布形态 mg/L

项目		总油	分布形态			化学组成		油滴粒径分布/%(体积)					
			浮油	乳化油	溶解油	烃	非烃类	<5μm	5~10μm	10~15μm	15~20μm	20~25μm	>25μm
含油污水	常Ⅰ电脱盐	96.1	10.9	20.0	65.2	22.7	73.4	0.43	7.88	30.77	33.3	23.0	2.69
	常Ⅱ电脱盐	227	138	48	41	134	93	0.32	4.35	17.74	32.9	29.37	15.32
	汽油罐脱水	111	15	59	37	84	27	0.15	3.76	15.85	23.41	25.39	22.25
	污水厂进水	91.8	28.9	34.2	28.8	46.6	45.2	0.57	6.31	22.0	44.2	24.7	2.22

二、含油污水的主要除油工艺

含油污水的处理方法有多种，主要包括物理法、化学法、物理化学法和生物法四种。

1. 物理法

(1) 重力分离

重力分离技术是典型的初级处理方法，是利用油和水的密度差及油和水的不相容性，在静止或流动状态下实现油珠、悬浮物与水的分离。分散在水中的油珠在浮力作用下缓慢上浮、分层，油珠上浮速度取决于油珠颗粒的大小，油与水的密度差，流动状态及流体的黏度。它们之间的关系可用 Stokes 和 Newton 等定律来描述。

特点：能接受任何浓度的含油污水，同时除去大量的污油和悬浮固体等杂质，但处理出水往往达不到排放标准，常作为除油一级处理工艺。

(2) 粗粒化聚结

粗粒化法又称聚结法，利用油、水两相对聚结材料亲和力相差悬殊的特性，油粒被材料捕获而滞留于材料表面和孔隙内形成油膜，油膜增大到一定厚度时，在水力和浮力等作用下油膜脱落合并聚结成较大的油粒。

该方法的关键是聚结材料，一般为亲油疏水性材料。粗粒化材料可分为颗粒状和纤维状，通常有石英砂、无烟煤、蛇纹石、陶粒、聚烯系或聚苯乙烯系球体或发泡体、聚氨酯发泡体等。

(3) 膜分离技术

膜分离是利用特殊制造的多孔材料的拦截作用，以物理截留的方式去除水中一定颗粒大小的污染物。按照膜孔径和工作压力不同，主要包括微滤、超滤、纳滤和反渗透，均是利用液-液分散体系中的两相与固体膜表面亲和力的不同，达到分离目的。膜分离技术主要用于截留污水中的乳化油和溶解油。

膜分离技术具有以下优点：无须破乳，不产生含油污泥，浓缩液可焚烧处理，透过流量的水质较为稳定，不随进水中油的浓度波动而变化；一般只需压力循环水泵，设备费用和运转费用低，特别适合于高浓度乳化油污水的处理；可回收油。

2. 化学法

(1) 化学氧化法

化学氧化法是用化学氧化剂(如臭氧、Fenton 等)将污水中呈溶解状态的无机物和有机物氧化成微毒、无毒物质，使之稳定化或转化成易与水分离的形态，以提高其可生化性。

（2）超临界水氧化技术

超临界水氧化技术 SCWO（Supercritical Water Oxidation）是近年来发展起来的新型绿色水处理技术，其原理是水在超临界状态下（温度 $t>374℃$，压力 $p>24MPa$）具有扩散性大、流动性强、能够与氧气等非极性物质互溶的特点，污水中的有机物在富氧的超临界介质中与羟基自由基反应，转化为 H_2O、CO_2 和盐类等无机小分子化合物，并且相间没有传热传质阻力，因此极大地提高了反应速率。

3. 物理化学法

（1）吸附法

吸附法处理含油污水利用亲油性材料表面活性的特点，将分子态的污染物浓集于表面达到去除的目的。典型的吸附材料有活性炭、粉煤灰、膨润土及高吸油树脂；其中，活性炭是最常用的吸附材料，高吸油树脂是新型的有机吸附剂。活性炭不仅对油具有超强的吸附能力，而且对于含油污水中的分散油、乳化油以及溶解油也具有很好的吸附能力，同时对含油污水中的大多有机污染物的吸附效果也很显著。

吸附法处理后的出水水质好且比较稳定，对其他方法难以去除的一些大分子有机污染物的处理效果尤为显著，但吸附剂成本较高，吸附容量有限，一般用于深度处理，研发诸如粉煤灰此类的吸附剂，以废治废，将有很大前景。

（2）微波油水分离

微波作为一种清洁、高效的能源，近年来越来越受到关注。微波是波长在 1~1000mm 范围内（介于无线电波和红外辐射之间的特殊电磁波段）的电磁波。微波对物质的内加热特性，以及能产生高频变化的电磁场，使其在油水分离方面显示出独特的优势，主要有以下三方面作用：液体黏度降低加速油水分离；Zeta 电位降低促进凝聚；油分子磁化促进破乳。另外，微波对烃类具有氧化作用，使其形成相应的醇、酮、醚，微波还能使烃类分子在微波场中发生共振而导致分子链断裂，这些非热效应都有利于油水分离。

（3）气浮技术

气浮法是固液分离的一种技术，它是通过某种方法产生大量微气泡，使其与原水中密度接近于水的固体颗粒黏附，形成密度小于水的气浮体（“气泡-颗粒”复合体），在浮力的作用下，上浮至水面形成浮渣，进行固液分离。

目前气浮分离工艺在水处理方面已得到广泛的应用。在给水方面，气浮法适用于处理腐殖质含量较高或天然色度较高、富营养化、藻含量较高、浊度较低甚至是低温低浊原水。在污水处理领域，气浮法的应用更广。由于在处理轻质污染物上存在很大优势，气浮法被广泛地应用于炼油厂含油污水的处理。

4. 生物法

生物法是利用微生物的生物化学作用，使污水中的有机物转化为微生物体内的有机成分或增殖成新的微生物，剩余部分则被微生物氧化分解为简单的无机或有机物质，从而使污水得以净化。含油污水中的有机物多以溶解态和乳化态存在，BOD_5较高，利于生物的氧化作用。生化法常用于去除含油质量浓度在 30~50mg/L 以下、含有其他可生物降解的有毒、有害物质的污水，特别适用于溶解油的去除。

上述多种除油工艺在含油污水处理方面都有一定程度的应用，且都存在各自的优缺点(表 2-2)。

表 2-2　几种除油方法优缺点比较

方法	优点	缺点
重力分离	处理能力强、维护简单、性能稳定	占地面积大、停留时间长、底部污泥难以清理
粗粒化聚结	设备少、体积小、效率高、结构简单、无须外加化学试剂、无二次污染	填料易堵塞、出油量较高、不适合含表面活性剂的乳化油
膜分离技术	净化效果明显、无须破乳、设备费用低、可回收油	不易清洗、运行费用高、再生困难
化学氧化法	高效、快速	氧化剂的剂量要求较大、费用高
吸附法	出水水质好且稳定、处理大分子有机物效果明显	容量有限、费用高、难以回收利用
微波破乳	清洁、处理效率高	耗能高、技术不成熟
气浮技术	占地面积小、设备紧凑耗能低、处理效率高	产生浮渣需及时清理
生物法	成本低、投资少、效率高、无二次污染	占地面积大、运行费用高、对菌种要求较高

三、含油污水气浮除油工艺

气浮工艺是目前工业中积极研究和应用较广的一种水处理工艺。尤其在低温低浊水处理、含藻类及有机杂质较多的水处理中应用较多。气浮是通过某种方法产生大量高度分散的微纳米气泡，黏附原水中密度接近于水的悬浮物、油滴，形成密度小于水的气浮体(“气泡-颗粒”复合体)，在浮力的作用下，上浮至水面形成浮渣，实现水质净化。因此得到大小均匀、数量多的微纳米气泡是气浮法高效除油的关键。

气浮工艺相比传统的沉淀法，具有尤其明显的优点：

(1) 气浮池的表面负荷可达 $12m^3/(m^2/h)$，池深只有0.6m左右，水在气浮池中的停留时间只需3min左右，故占地面积小，设备紧凑，节约投资。

(2) 气浮工艺具有曝气的作用，能够增加出水和浮渣中的溶解氧，有利于后续二次处理和再用，并且泥渣不易腐化。

(3) 对于难用沉淀法去除的含油污水，气浮工艺处理效率更高，甚至可以去除原水中的部分微生物，出水水质更好。

(4) 浮渣含水率低，一般在96%以下，比沉淀池污泥体积减小了2~10倍，有利于污泥的后续处理，而且表面刮渣比沉淀除泥方便。

(5) 可以回收利用有用物质，油、脂、稀有金属等。

(6) 气浮法所需药剂较少，相比沉淀法所需的混凝剂量更节省。

基于气浮工艺的优点及广泛的适用性，气浮工艺可以取代传统的沉淀工艺，组成混凝-气浮-过滤或吸附-气浮等组合工艺流程。气浮工艺常作为污水生化处理中一种有效的预处理技术，用以去除难降解有机物，提高污水生化性能，保证生化处理的稳定进行。气浮不但可以明显降低油、悬浮物的含量，同时 *COD* 也得到一定的去除，剩余污泥量少、含水率低，有利于污泥的后续处理。作为深度处理技术，应用于污水的二级出水的回用处理工艺，出水水质能够达到回用标准。气浮工艺运行稳定，操作简便，运行成本低，因此得到很好的工业应用。

根据产生气泡方式的不同，气浮工艺可分为溶气气浮、电解气浮、散气气浮和涡凹气浮等。

1. 溶气气浮

根据产生气泡时压力的不同，溶气气浮分为真空溶气气浮和加压溶气气浮。真空溶气气浮是污水在常压下充分曝气，然后在真空条件下，空气从污水中析出形成微细气泡，黏附水中颗粒杂质上浮于水面形成浮渣，净化水质。真空溶气气浮处理过程稳定能耗小，“气浮体”很少破坏，但其溶气量小，不适于处理含油量高的污水，并且对设备要求较高，维护运行相对困难，因此工业应用较少。加压溶气气浮在加压条件下，使空气溶于水中，形成过饱和状态，然后降至常压，使空气析出产生微细气泡，实现气浮。加压式溶气气浮中空气的溶解度大，能都达到满足气浮的气泡数量。加压式溶气气浮又分为全溶气流程、部分溶气流程和回流加压溶气流程，目前回流加压溶气流程应用最广，工艺图如图2-1所示。

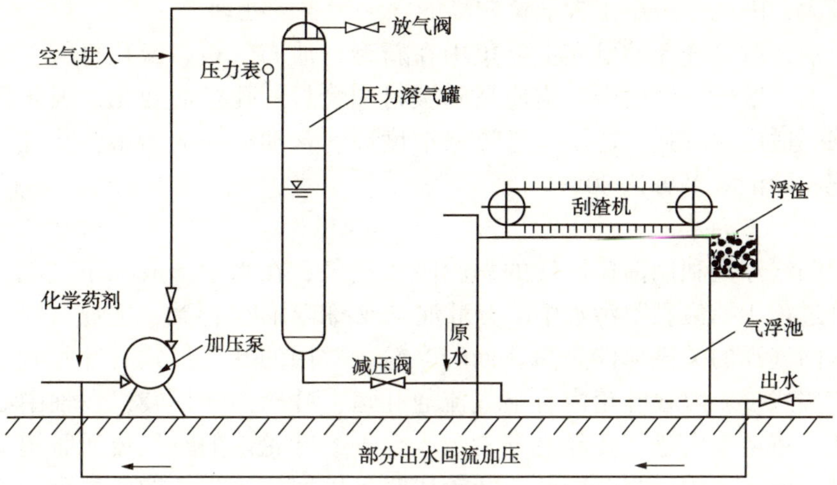

图 2-1　回流加压溶气气浮工艺

溶气气浮污染物去除率高，处理效果稳定，工艺简单，操作灵活，是应用最广的气浮处理技术。

2. 电解气浮

电解气浮是利用不溶性阳极和阴极，向污水中通入直流电，将污水电解，阳极和阴极分别产生氢气和氧气的微细气泡，将污水中的污染物颗粒或先经混凝处理所形成的絮凝体黏附而上浮至水面，生成泡沫层，然后将泡沫刮除，实现分离去除污染物质。

电解气浮法产生的气泡尺寸远小于溶气法和散气法。除了用于固液分离外，电解气浮法还有降低 *BOD*、氧化、脱色和杀菌的作用。电解气浮产生污泥量小，占地少，不产生噪声，一般用于处理含油量浓度较低的污水。但由于电耗高及操作运行管理费用高、电极结垢等问题，较难适应处理量大的场合，工业应用较少。

3. 散气气浮

散气气浮法是将压缩空气直接通入微孔、扩散板、微孔管产生微气泡，或采用水泵吸水管、水力喷射器、高速叶轮等向水中充气产生微气泡。散气气浮分为微孔曝气气浮法和剪切气泡气浮法。微孔曝气气浮法是通过微孔陶瓷、微孔塑料等板管将压缩空气形成气泡分散于水中实现气浮。此法简单易行，但所得气泡偏大，气泡直径可达 1～10mm，气浮效果不佳。剪切气泡气浮法是将空气引至高速旋转叶轮，利用旋转叶轮造成负压吸入空气，污水则通过叶轮上的固定盖板上的小孔进入叶轮，在叶轮搅动和导向叶片的共同作用下，空气被粉碎成细小气泡。散气气浮设备简单，产生的气泡数量多，但直径较大，因此一般用于含油量较高的含油污水的处理。

目前，散气气浮的研究主要集中在新型材质布气板、微孔材料、组合纤维等方面。散气气浮由于气泡质量随板材和管材的孔径而变化，因此抗冲击能力强，适应性较强，适用于悬浮物浓度高、含油量高的污水，并且设备不易堵塞，除油效果可达 80%。

4. 涡凹气浮

涡凹气浮是利用高速回转的涡轮吸入空气，在水中形成细小气泡，气泡在上升过程中捕集黏附污水中的分散油滴或/和固体悬浮物，完成气浮分离过程。涡凹气浮的关键部件是高速回转叶轮，常用的叶轮形式有叶片式、涡轮式和旋桨式。一般在叶轮内有空气流通孔道，叶轮高速回转，在轴中心处产生负压，将空气由进气孔经进气管吸入，再经叶轮内的空气流通管道，从叶轮端部射流入水中；与此同时，叶轮还吸入由回流管进入的已处理回水。这样，在回转叶轮的剪切作用下，空气在水中形成细小气泡上浮，与进入充气室的污水相遇，黏附捕集水中的分散油滴或/和固体悬浮物而上浮。

涡凹气浮与溶气气浮相比，省去压力溶气系统，降低了投资和操作费用，能够有效地去除炼油污水中的石化石油类和悬浮物，去除率超过 80%，同时对 *BOD* 及 *COD* 的去除率可达 60%以上。涡凹气浮一般用于污水处理厂的二级除油处理，以及油田采出水的除油处理。在处理量不是特别大的情况下，比溶气气浮有相当的性价比优势。

散气气浮及涡凹气浮除油效率高，适用于油水密度差很小或油滴粒径小的污水处理，设备紧凑，污水的停留时间很短，一般用于污水的二级除油处理。表 2-3 为不同气浮工艺特点的比较。

表 2-3　不同气浮工艺特点比较

方法	气泡粒径/mm	去除率	占地面积	成本	抗冲击能力	除油效果
溶气气浮	0.02~0.1	90%左右	大(需要压力溶气设备)	一般	强	可将粒径大于 5~10μm 的油滴与悬浮物分离脱除
电解气浮	0.01	95%以上	一般	高(电耗高，操作运行复杂)	差	具有氧化、脱色和杀菌的作用，产生污泥量小
散气气浮	1~10	80%	小	低	强	适用于悬浮物浓度较高的污水，设备不易堵塞
涡凹气浮	1~10	80%	小	低(操作简单，投资低)	差	一般用于污水处理厂的二级除油处理

5. 组合气浮工艺

近年来，随着对除油效率要求的提高，单一气浮工艺难以满足高效的要求，其他工艺的联合高效除油逐渐形成了新的趋势，如聚结-气浮、气浮-磁分离、旋流气浮等。

(1) 聚结-气浮

聚结作为一种油水分离工艺，单独作用时其油水分离速度和除油效率较低。在聚结工艺的基础上，与气浮工艺进行耦合，可强化含油污水油水分离过程，可解决聚结工艺对于分散油、悬浮油处理速率慢且分离效果差的问题。聚结-气浮装置如图 2-2 所示。

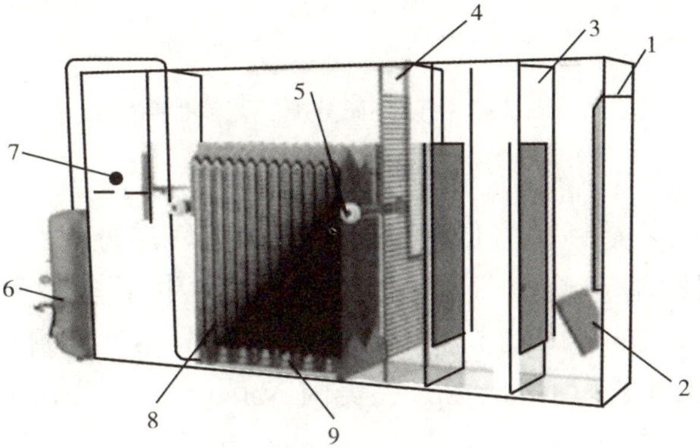

图 2-2　聚结-气浮装置示意图

1—含油污水入口；2—入口堰板；3—整流板；4—布液板；5—油出口；6—溶气罐；7—出水口；8—聚结板组；9—气浮布水装置

聚结板材能够有效增大油水接触面积，并使内部水流呈现变水流、变间距状态，又因板材具有一面亲油疏水、一面亲水的特性，碰撞聚结与湿润聚结同时存在，油滴在聚结板表面润湿、碰撞、聚结和脱落的连续更替过程中使油水两相逐渐分离；装置底部通入含微细气泡的水体，分散气泡与油滴颗粒黏附，带动油滴和其他悬浮颗粒上浮。该组合工艺不仅减短了油滴上浮时间，同时强化了油滴的聚结效果，实现了油水高效分离。研究结果表明，在入口流量为 0.3m^3/h，板间距为 0.9cm，溶气压力为 0.4MPa 时，进水平均油含量为 87.2mg/L 的含油污水经处理，可达到出水油含量约 7.0mg/L，平均除油率高达 92%。

(2) 气浮-磁分离

磁分离技术是一种以磁性颗粒为载体的新型除油技术。将少量絮凝剂、磁性颗粒加入含油污水，油滴首先在磁性颗粒上发生吸附，再通过磁分离装置将磁性物质及吸附的油从水中分离，从而达到油水分离的目的。气浮-磁分离技术是两种除油工艺的结合技术，其中，气浮单元作为预处理手段首先去除部分分散油和乳化油，含油污水再通过磁分离单元进行下一步深度处理。磁分离单元的磁种可使用粒径 2～12μm 的 Fe_3O_4，气浮-磁分离除油工艺流程如图 2-3 所示。

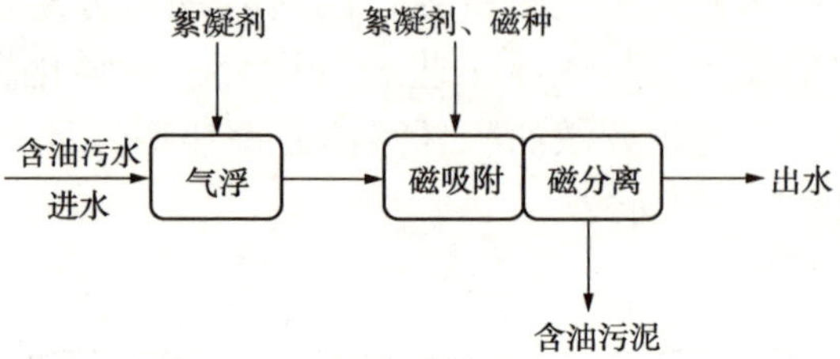

图 2-3　气浮-磁分离工艺流程图

（3）旋流-气浮

旋流-气浮工艺是一种将低强度旋流离心与气浮分离结合的工艺，20 世纪 90 年代末期，基于旋流气浮的工艺原理产生了多种紧凑型气浮装置（Compact Flotation Unit，CFU），如挪威 Epcon 公司 CFU、挪威 TS-Group 公司 CFU、美国 CETGO 公司 CrudeSep®、美国 Natco Group 公司 VersaFlo™、英国 Cyclotech 公司 DeepSweep™ 等。其中，最早推出且具有代表性的为挪威公司的 CFU 装置(图 2-4)，含油污水切向进入罐体，通过螺旋导片形成低强度旋流，含油污水通过压力变化释放气泡或以注气的形式在旋流过程中发生气浮，油滴和气泡等较轻组分向内筒外壁运移，进入内筒内部的黏附体不断浮升，最后在罐内上部水面形成连续的油和气泡浮渣层，通过顶部接管排出罐外。净化后的水经过罐底部的水平圆板缓流后自出水口排出，泥沙和其他较重的固体颗粒由油泥出口定期排出。该 CFU 装置一级除油效果可达出水 15～20mg/L，两级串联时可实现出水含油低于 10mg/L。CFU 装置成

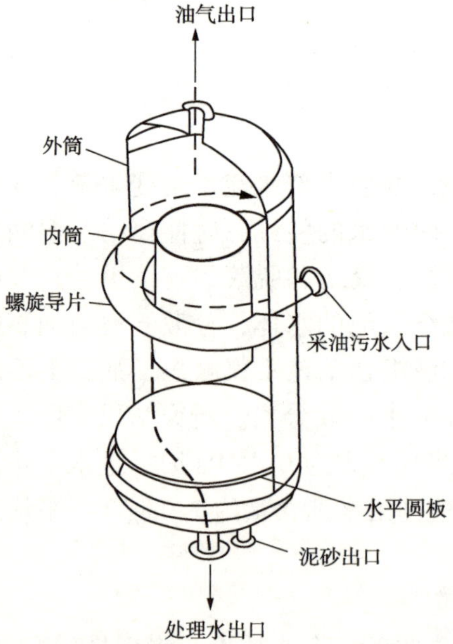

图 2-4　Epcon 公司 CFU 装置

功实现了低占地面积、高处理能力、高分离效率和易运行维护等特点。

基于国外多种 CFU 工艺的设计、运行及优化，国内许多专家学者也开展了旋流-气浮除油工艺的研究。陈家庆等吸收国外多家 CFU 技术内涵并结合主体工艺尺寸解析计算和计算流体动力学（CFD）等理论体系，开发了 BIPTCFU-Ⅰ、Ⅱ、Ⅲ代产品，如图 2-5 所示。

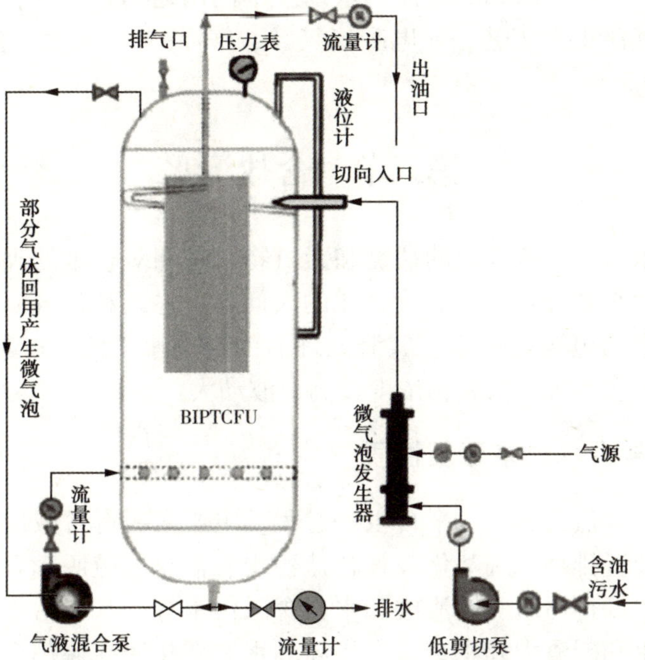

图 2-5　旋流-气浮 BIPTCFU 装置示意图

上图所示旋流-气浮装置首先利用微气泡发生器，向待处理的污水中混入大量微细气泡，含油污水经上部切向进入气浮罐，在罐内中上部的分离区产生弱旋流。浮升到液面的油颗粒-气泡-水的多相混合物自气浮罐顶部靠压力排出；处理后的水从气浮罐底部排出。为提高气浮分离效果，将部分处理后的水回流，利用气液混合泵抽吸罐内顶部空间的气体，再次产生大量的微细气泡，带有大量微细气泡的回流水在气浮罐底部均匀分布，再次发生气浮作用。含油污水在紧凑型气浮罐内进行了 1 次旋流分离和 2 次气浮分离，较传统 CFU 装置进一步提高了除油效率。对该装置进行连续稳定运行测试，结果表明，在不加任何处理药剂的情况下，当污水油含量为 62.5~92.5mg/L 时，出水油含量为 10~17mg/L，除油效率可达 80.8%~85.5%，且与 CrudeSep® 进口设备相比，BIPTCFU 装置展现出了较高的除油效率和工作稳定性。

气浮-旋流工艺借助低强度旋流离心力场促进微细气泡与待去除污染物颗粒的碰撞黏附，强化了常规气浮分离过程，具有水力停留时间短、占地面积小、处理效率高和操作要求低等特点。

新型组合气浮技术融合了气浮除油工艺和其他工艺的优势，能够实现短时间高效除油，并且结构紧凑，相对成本降低，能够满足工业中对用水、排水的要求，针对不同来源的含油污水以及不同用途的排出水，也产生了一些其他的新型气浮组合工艺，如电凝聚气浮、气浮-精细过滤、混凝-絮凝-气浮-膜过滤等。

第二节　含盐污水

含盐污水由于含有较高的盐类和无机物，是相对较难处理和回用的污水之一。含盐污水处理是困扰石化企业的大问题，也是科研开发的热点。含盐污水的来源包括电脱盐排水、碱渣处理后的综合水、油品碱洗后的水洗水、催化剂再生水洗水等。污染物浓度较高、波动大，水量约占污水总量的20%。

一、含盐污水的来源及性质

炼油化工含盐污水主要来自生产过程。主要来源有常减压装置电脱盐污水、煤制氢装置排污、烷基化装置含盐污水、催化脱硫脱硝含盐污水、污水回用后循环水场排污水、碱渣中和水、含碱污水等。其中污染物较大的污水有电脱盐污水和碱渣中和水；盐度较高的水有催化脱硫脱硝含盐污水，脱硫塔洗涤下来的硫酸盐、硝酸盐等各种盐类达6.7%。含盐污水产生节点较多，图2-6为典型炼化企业含盐污水来源节点示意图。

在石油加工的过程中诸多环境都将会产生一定量的含盐污水，调查发现，炼油化工含盐污水水质主要表现为“六高”，即高乳化、高温、高pH、高水质悬浮物、高含盐、高*COD*。具有以下特点：

(1) 含盐量高，对管线腐蚀严重。电脱盐污水中含盐量往往高达上万毫克每升，原油中所包含的盐类主要是溶解在水中的碱土金属类和溶解在原油中的有机盐以及油溶性金属化合物两大类。若未经处理而将这部分水直接排放至污水处理系统中，不仅会增加污水处理系统的负荷，对生化处理系统造成冲击，影响出水水质，而且容易造成管线和设备的腐蚀，引发安全事故。

(2) 水中有机物含量高。如直接从原油中分离出来的电脱盐水，携带有一部分石油类物质，污水*COD*值较高。

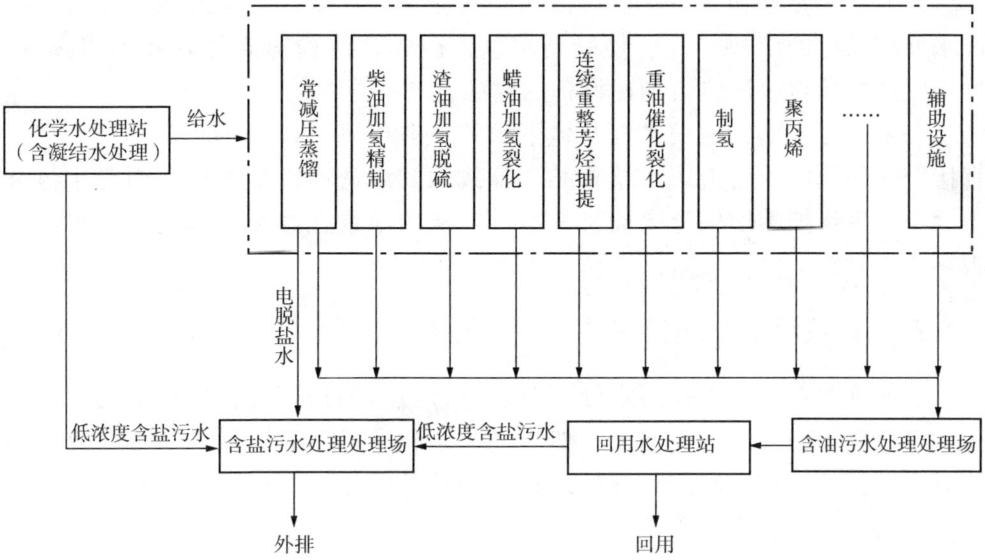

图 2-6　典型炼化企业含盐污水产生节点示意图

（3）含盐污水种类多，成分复杂，处理难度大。例如由于水不直接与油接触，重油催化裂化装置蒸汽发生系统排放的含盐污水有机物含量较低，*COD* 仅为 200～500mg/L；但是，电脱盐过程水与原油直接接触，加之原油本身含盐较高、脱盐过程中又加入破乳剂等化学药剂，导致电脱盐水 *COD* 能够达到 5000mg/L 左右，水质更加复杂。

二、含盐污水的危害

含盐污水的危害主要有以下三方面：

（1）冲击污水处理系统。将此系统直接并入炼化企业原有的污水处理系统是不合理的，因为在含盐污水中的组成成分复杂多样，污水中有较高的含盐量，如果直接并入原系统会使原本污水处理系统的负荷明显升高，不利于系统的正常运行，并且会影响整个处理系统的处理程度。污水中高浓度的无机盐离子（如 Na^+、Ca^{2+}、SO_4^{2-}、Cl^-）容易对生化系统内微生物体内的脱氢酶起到抑制作用，最终导致质壁分离，影响污泥驯化，大大降低生化系统对污水的处理能力。而且盐浓度过高容易造成生化处理系统中活性污泥无机成分的升高，这将会使污泥性能恶化并使污泥量大大增加，增加系统的运行费用。此外，微生物对污水中所含有的难降解有机污染物的降解效果较差。因此采取常规的生化法处理含盐污水往往难以达到理想的处理效果。

(2) 管线腐蚀和结垢。含盐污水因其盐含量过高，排入管网后将会引起污水处理系统的沉积结垢，使管道堵塞，造成管线和容器的有效容积减少；另外，高的盐含量还将会加速设备的腐蚀，增加管线的维护成本。

(3) 破坏土壤、地表水以及地下水的生态环境。含盐污水若不经处理而直接排入外环境中会造成土壤板结，导致水的渗透压发生改变，引起水体和土壤中微生物细菌质壁分离而丧失活性，从而导致土壤和水体的生态平衡被破坏。

三、含盐污水处理技术

目前炼化企业对含盐污水处理前要进行适当的预处理，然后对污水的污染物组分分步去除，首先除油，然后经过生化，最后是除盐，所处理污水达标后再进行外排或者回用。在处理过程中涉及的方法一般为物理化学法、生物处理法及两者的组合工艺。

1. 生物处理法

对于生物法处理含盐污水的关键是找驯化能够适应高盐度环境，并且能高效降解有机污染物的嗜盐微生物或耐盐微生物，这可以使生物法处理含盐污水经济、高效的特点得到更好的应用，是生物法处理含盐污水的关键。何健等通过开展活性污泥在高低两种含盐浓度下的驯化过程，对驯化微生物的处理效果展开研究。得到盐分可作为微生物驯化的选择压力，且在含盐量为4.5%的驯化环境中得到的降解活性最高。An 等采用了两段式接触氧化法进行实验研究，从实验结果可以看出，盐度以及污水中的有机负荷这两个因素对含盐污水的处理效果具有明显的抑制作用，在含盐污水处理过程中要想获得较好的处理效果，应该注重对这两个因素的控制。

微生物的正常生长过程都离不开盐类物质，它可以维持膜平衡、有利于酶反应并且对渗透压有调节作用，但这都是在一定浓度范围内，超过限定浓度将会对微生物起到一定的抑制作用，这主要是由于：①盐析作用将会使微生物体内脱氢酶活性降低；②水中盐含量的改变会引起微生物细胞内外渗透压的改变，导致微生物失水，细胞发生质壁分离；③容易引起活性污泥上浮，使活性污泥流失；④高浓度氯离子对细菌有毒害作用。因此，基于以上几点，生物处理法只适用于处理低浓度的含盐污水。

2. 物理化学处理法

常用的物理化学技术主要有离子交换技术、膜技术以及蒸馏技术。离子交换技术对水质要求较高，同时频繁的树脂再生消耗酸碱量巨大，处理成本较高，对水中油类、细菌以及藻类等悬浮物含量要求苛刻，在炼化企业含盐污水处理中应用较少。电渗析技术在20世纪70~90年代应用较多，但是随着环保要求的日益提高，对污水处理的要求也在不断提高，它已经不能满足污水处理的要求，并且处理工程中要消耗大量的电能，大大地提高成本，由于其自身的不足致使近年来电渗析技术逐渐地被反渗透膜技术取代。

（1）反渗透技术

近年来，随着工业化的进程，特别是炼化企业的高含盐污水逐渐增多，反渗透技术在工业产生的高含盐污水的处理上也逐步受到重视。反渗透技术不仅可对污水进行深度除盐，而且耗能也很小，相比电渗析技术，反渗透技术的能耗是其一半，与蒸馏技术相比，反渗透能耗是其1/40；投资费用大大降低，且经处理之后的污水可作为回用水回用，有明显的节水效果。

田青等应用反渗透技术替换离子交换树脂进行脱盐操作，以降低能耗和处理成本。其主要的工艺流程为：对含盐水进行过滤，然后在泵的作用下把处理水传送到多介质过滤器中，然后使原水进入加药装置，加入专用阻垢剂以抑制反渗透的浓水一侧出现结垢现象。加药之后的水再过滤去除原水带来的>5μm的颗粒。出水经泵送至阻垢反渗透本体装置内，水分子和极少数的阴阳离子透过反渗透膜层后，经阳离子交换器和阴离子交换器后进入脱盐水池。此项目改造之后不仅解决了公司处理含盐水的难题，而且成本也降至原来的31.6%，达到了一举多得的目的。

反渗透技术具有工艺设备操作简单、占地少、效益高、能耗少、使用范围广以及自动化程度高等优点，这是其他工艺所不及的。但是反渗透技术中需要使用到高压设备，且在膜处理运行一段时间之后需定期对膜进行清洗，其原水利用率较低，这些缺陷也为反渗透技术的应用推广带来了一定的困难。同时，反渗透所产生的浓水目前也是工业上难以处理的一种工业污水，通常采用蒸发法进行脱盐处理。

（2）蒸馏技术

蒸馏就是对含盐的水进行加热，直至水沸腾，然后收集冷凝蒸汽产生的淡水，以实现对含盐污水浓缩的目的。对含盐水进行蒸馏最终得到水质较为理想，这也是此项技术的优势，蒸馏技术最早是在海水淡化领域，随着技术的发展，蒸馏技术慢慢扩展到工业领域。由于在炼化企业生产过程中会伴随大量的余热产生，这些余热可以作为蒸馏技术的热源，被充分利用，在实际应用中多采用MED和MSF技术。近几年，采用蒸馏技术对含盐污水进行处理成为关注的热点。

有学者利用小规模的双效蒸发器对化工厂所产生的高浓度的含盐污水进行处理研究，在实验过程中对二次蒸汽进行重复利用，发现这种处理方法能够有效地降低处理成本，每蒸发1t水所消耗的蒸汽量为0.75t，且污水中有机物的去除率高达95%，利用二次蒸发结晶工艺，不仅能够回收污水中的盐类，而且达到了固废资源化利用的目的。中国科学院大连物化所和胜利工程设计咨询有限责任公司共同设计了多效蒸发油田污水深度处理的试验，污水先通过试验设计的预处理单元(浮选机、核桃壳过滤器、砂率过滤器)，在深度处理单元选用四效蒸发装置。该试验结果表明，实验产品水的水质完全能够满足锅炉用水标准。

(3) 离子交换工艺

离子交换通常作为污水处理的一个单元操作过程，在处理过程中，溶液中的离子与树脂上的(含有固定阳离子或阴离子)反离子之间发生交换反应。离子交换工艺能取得良好的除盐效果，但离子交换过程中污水中的悬浮颗粒物往往会堵塞树脂而使其失去效果，同时，在完成污水处理之后树脂的再生液处理也是一个难题。

3. 组合工艺除盐

新疆某石化企业采用曝气生物滤池+过滤器+超滤+反渗透技术组合工艺对乙烯污水进行处理，经处理之后的污水脱盐率大于97%，*COD*降至10mg/L，经处理之后的污水可以实现回用，实现年节水172.8kt。大连石化公司针对含盐量高达21000mg/L的含盐污水采用过滤+超滤+反渗透技术的组合工艺进行处理，同时结合高密度沉淀池单元进行预处理以降低污水中的盐含量，最终处理水能够达到一级排放标准。

石化企业产生的含盐污水种类多，组分复杂多样，“高浓度”“高盐度”“难降解”三大特性的叠加，导致处理难度大，工艺冗长，所需成本高。另外，一些含盐污水有机污染物负荷高，*COD*含量大于2000mg/L，部分含盐污水*COD*含量甚至高达每升几万至几十万毫克，这些石油类在后续处理过程中作为“污染物”被微生物消耗，不仅增加污水处理装置负荷，而且浪费了宝贵的石油资源。电脱盐污水作为该类污水的典型代表，除了含有常规的无机盐类外，还有破乳剂等化学药剂，水质极差，亟须一种更加经济、有效、合理的处理工艺在回收、利用石油类的同时，处理该类污水。

第三节　含硫酸性水

炼化企业在加工进口含硫原油的过程中，常减压蒸馏、催化裂化等装置都要排出含硫含氨污水。含硫酸性水主要来自各加工装置(常减压、焦化、催化、加氢裂化、加氢精制)轻质油油水分离罐、富气水洗罐等。特征污染物为硫化物、氨氮、挥发酚、石油类、有机胺、部分含氰化物等。污染物浓度较高，水量约占污水总量的30%。

一、含硫酸性水的来源及性质

石油及其产品中存在含硫化合物和含氮化合物，在常减压、催化裂化、热裂化、延迟焦化、重整预加氢、加氢精制、加氢裂化等加工过程中，这些化合物会通过高温裂解、催化裂化、催化加氢等反应生成 H_2S 和 NH_3 而进入产品物流中，这些产品物流经过冷凝脱水或水洗处理，即产生含硫含氨污水，俗称含硫污水或含硫酸性水，具体的排水装置有常减压蒸馏塔顶分离器、催化裂化分馏塔顶分离器、催化裂化压缩富气脱水罐、焦化分馏塔顶分离器，以及油品加氢裂化、加氢精制的高、低压分离器等。这些酸性水通常含有较高质量浓度的 H_2S（5000~25000g/cm^3）、NH_3（5000~30000g/cm^3）、CO_2（约1~500g/cm^3）等，排放前须脱除这些组分。

不同装置的含硫酸性水污染物组成见表2-4。可以看出，含硫酸性水中的污染物除硫化氢和氨外，还有油、酚、氰等。酸性水中硫化物和氨浓度随原油种类和加工装置不同而变化，总的来说，原油含硫含氮量越高，酸性水中硫化物和氨浓度越高；按加工装置来分，酸性水中硫化物和氨浓度从高到低大致为：加氢裂化、加氢精制>焦化、催化裂化>常、减压。因此，有人将加氢裂化、加氢精制、重整预加氢装置排放的酸性水划分为高浓度酸性水，将催化裂化、焦化装置排放的酸性水划分为中浓度酸性水，将常、减压装置排放的酸性水划分为低浓度酸性水。

表2-4 不同装置含硫酸性水污染物组成

原油类型	加工装置	排水地点	各组分浓度/(mg/L)					
			油	硫	酚	*COD*	氰化物	氨氮
鲁宁管输油	常减压蒸馏装置	常顶油水分离器	65	172	23	573		187.2
		减顶油水分离器	83	400.5	40.5	2280		409
	催化裂化装置	分馏塔顶油水分离器	64	1775	766	4635	2.99	610
		气压机油水分离器	51	2450	421	6595	5.2	935
	重油催化裂化装置	含硫污水罐	190	2020	618	2.46×10^4	16.7	191×10^3
		气液分离罐	173	6400	44	6.14×10^4	33.41	9.57×10^3
	加氢裂化装置	高低压分离器	2.6	47000	1.4	72000	1.5	23000
	延迟焦化装置	分馏塔顶油水分离器	96	2550	804	2195	27.2	2035

续表

原油类型	加工装置	排水地点	各组分浓度/(mg/L)					
			油	硫	酚	*COD*	氰化物	氨氮
大庆油	常减压蒸馏装置	常顶油水分离器	28.1	167	1.0	541	0.142	434
		减顶油水分离器	34.6	3.1	1.28	328.9	0.21	4.9
	催化裂化装置	分馏塔顶油水分离器	48	901.2	172	2350	0.01	1700
		气压机油水分离器	37	1130	85.5	1770		1300
	重油催化裂化装置	分馏塔顶油水分离器	48	1362	215	3200	0.46	
	加氢裂化装置	分馏塔顶油水分离器	9.4	265.4	1.6	534.5	0.1	2877
		低压分离器	41	965	0.2	7800	0.17	524
	延迟焦化装置	分馏塔顶油水分离器	202.7	5454	163	7652	2.67	1015

含硫酸性水中的含油量以焦化分馏塔顶回流罐和减压塔顶水封罐的排水为最高，而且常有乳化现象。其中酚含量以催化裂化和焦化分馏塔顶回流罐的排水为最高。此外，催化裂化酸性水中还有CO_2和催化剂粉尘，焦化酸性水中还有焦粉，酸性水 pH 值一般在 7~9。

含硫酸性水排放量与装置类型和加工规模有关，表 2-5 是国内某炼油厂(原油加工能力 2100×10^4t/a)的含硫酸性水排放量。

表 2-5　国内某炼油厂含硫酸性水排放量　　t/a

常减压	催化裂化	焦化	重整	加氢裂化	加氢精制	合计
42.5	52	14.5	15	15	47.7	186.7

二、含硫酸性水处理技术

含硫酸性水属于有毒、高污染物浓度污水，在大多数情况下，是将来自不同装置的酸性水混合，常见的含硫酸性水处理技术包括空气氧化法、蒸汽汽提法、化学沉淀法、高效微生物法等。

1. 空气氧化法

空气氧化是利用空气中的氧气氧化污水中有机物和还原性物质的一种处理方法，是一种常规处理含硫酸性水的方法。空气氧化的能力较弱，为提高氧化效果，氧化要在一定条件下进行，如采用高温、高压条件，或使用催化剂。目前，从经济等方面考虑，国内多采用催化剂氧化法，即在催化剂作用下，利用空气中的氧将硫化物氧化成硫代硫酸盐或硫酸盐。采用的催化剂有醌类化合物、锰、铜、铁、钴等金属盐类以及活性炭等。处理工艺如图 2-7 所示。一般认为，该处理方法反应时间长，能耗较大。

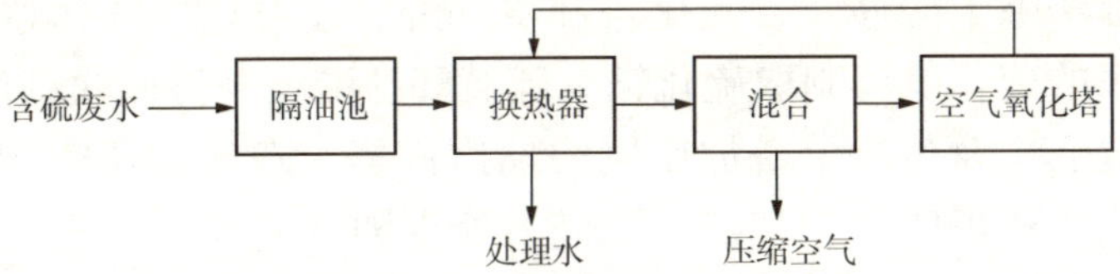

图 2-7　空气氧化法流程

炼油厂污水处理工艺所采用的空气氧化法包括一段空气氧化法、一段催化空气氧化法和两段催化空气氧化法等。一段空气氧化法是较老的处理含硫污水的一种方法。理论上氧化 1kg 硫化物生成硫代硫酸盐需要 1kg 氧，相当于 4.33kg 空气。由于其中一部分硫代硫酸盐会进一步氧化成硫酸盐，因此空气用量还会增加。目前，该法已较少使用。一段催化氧化法中，氧化塔填充铜和铁族的金属催化剂，pH 呈微碱性(7~9)，温度 100℃，水与充足的空气接触后，污水中硫化物大部分氧化成硫酸盐。两段催化空气氧化法是一种含硫污水制硫的方法。含硫污水通过装有催化剂的第一段空气氧化后，污水中的硫化钠和硫化氨分别氧化成硫酸钠、硫代硫酸钠和硫酸铵，然后污水进入第二段催化空气氧化塔，生成元素硫和氨。

空气氧化法的硫化物去除率可达 80%~95%，氨氮去除率 10%~40%。其中，硫化物约 90%被氧化为硫代硫酸盐，10%被氧化为硫酸盐；氨氮的去除很大程度上是由于吹脱的作用。空气氧化法的优点是设备少、流程简单、投资和操作费用低。缺点是尾气有恶臭气味，氧化使硫以盐的形式沉淀在污水中，氧化后的污水由于 *COD* 和铵含量仍然较高，不能回用，还需要进污水处理场处理。

随着酸性水硫化物浓度地不断提高和环保法规地日益严格，空气氧化法的应用越来越少，只有酸性水量小、硫化物浓度低(1000mg/L 以下)，并且技术经济上不宜选用水蒸气汽提工艺时，才可采用空气氧化法处理。

2. *蒸汽汽提法*

含硫酸性水是由硫化氢、氨、二氧化碳及水组成的四元体系，硫化氢、氨和二氧化碳在水中以 NH_4HS、$(NH_4)_2S$、NH_4HCO_3、$(NH_4)_2CO_3$ 等铵盐形式存在，这些弱酸弱碱盐在水中水解后分别产生游离的硫化氢、氨和二氧化碳分子，这些分子又建立起气液相平衡，该体系是化学平衡、电离平衡和相平衡共存的复杂体系，硫化氢铵水解反应的平衡常数随着温度的升高而增加，以溶液形式存在的硫化氢、二氧化碳和氨水解为分子状态的硫化氢、二氧化碳和氨后，由液相转为气相。通入蒸汽具有加热和降低气相中硫化氢、二氧化碳和氨的分压的双重作用，促使它们从液相进入气相，达到净化水质的目的。蒸汽汽提法除了能够回收硫化氢和氨气外，还可以脱除污水中的一部分酚。汽提出来的硫化氢可制取硫化钠、硫黄和硫酸，并可回收副产品氨水。

蒸汽汽提法主要包括单塔加压侧线抽出汽提、双塔加压汽提、单塔低压汽提和双塔高压汽提四种工艺流程。随着企业对净化水质、酸性气、氨气纯度及环保要求的提高，单塔加压侧线抽出汽提和双塔加压汽提所回收的硫化氢可作为硫回收装置的原料，氨气回收用于炼油装置，这两种工艺在炼化企业获得了广泛的应用并积累了成功的经验，得到不断的发展和完善。在第三章第一节将做进一步介绍。

3. 化学沉淀法

化学沉淀法是采用化学药品与污水中的硫化物或氨氮进行反应，生成沉淀物，以达到去除污水中硫化物或氨氮的目的。对于含硫浓度较高的酸性水，通常采用硫酸亚铁作为沉淀剂，使水中的 S^{2-} 形成 FeS 沉淀，过量的 Fe^{2+} 与 OH^- 结合生成 $Fe(OH)_2$，$Fe(OH)_2$ 经空气氧化形成 $Fe(OH)_3$ 沉淀，沉淀的 FeS 和 $Fe(OH)_3$ 经过滤除去。化学沉淀法除硫生成的细小沉淀物沉淀性能较差，后续泥水分离困难，硫酸亚铁投加量大，处理费用较高，因此该法目前使用不多。氨氮污水化学沉淀法更常采用的是磷酸铵镁沉淀法，又称鸟粪石结晶沉淀法，其基本原理是通过向污水中投加镁盐和磷酸盐，使 Mg^{2+}、PO_4^{3-}（或 HPO_4^{2-}）与污水中的 NH_4^+ 发生化学反应，生成磷酸铵镁复盐 $MgNH_4PO_4 \cdot 6H_2O$ 沉淀，从而将 NH_4^+ 脱除。

$MgNH_4PO_4 \cdot 6H_2O$（MPA）是一种难溶于水的复盐，通过重力沉降，将 MPA 从污水中分离。该法可实现氨氮的回收利用，沉淀反应不受温度等因素的限制，设计操作简单，能有效处理氨氮浓度 400mg/L 以上的中高浓度污水，脱氮效率高，解决了氮的回收和氨氮二次污染问题。但该法处理成本较高，它的主要费用是药剂，寻找价廉高效的沉淀药剂，将是目前化学沉淀法的研究和发展方向。

4. 高效微生物法

高效微生物是利用生物工程手段，针对不同的污染物培育出专门的降解微生物，再将其制备成干粉状，在污水生化工艺启动时直接投加使用。它由多种微生物菌群、复合酶制剂、微生物营养素、生物活性诱导剂等多种成分配置而成，其特点是专一性强，根据不同的进水水质可选择专门的微生物，尤其是对传统方法无法处理或处理效果很差的高浓度有机污水和高氨氮浓度污水有独特的处理效果；微生物活性高，抗冲击能力强，处理效率高，效果稳定；繁殖能力强，速度快，培养时间短，能快速启动和恢复系统运行。实际使用过程中为了避免专项微生物的流失，充分发挥高效菌种的优势，常与微生物固定化技术联合使用。高效微生物比普通微生物在污染物降解性能、处理效果、运行稳定性方面有很强的优势。应用高效微生物法，某石化公司开展了曝气生物流化床（ABFT）处理含硫含氨污水工业试验。流化床生物载体为多孔介质，有大孔和微孔，将固定化高效微生物载在微孔中，载体表面积 $35\times10^5m^2/m^3$，曝气池中生物量 18~40g/L，容积负荷可达 16kg $BOD_5/(m^3\cdot d)$；高效微生物菌种由多种微生物菌组成，可根据水质选用特效菌种。经过处理，污水 *COD* 从 980mg/L 降到 137mg/L，氨氮从 682mg/L 降到 0.227mg/L，硫化物从 162mg/L 降到 0.034mg/L。

近几年来，高效微生物技术在我国发展迅速，特别是一些进口微生物的引进，在含硫酸性水的专项治理过程中起到了明显的效果，随着高效微生物技术的国产化，该技术必将在含硫酸性水处理中发挥更大的作用。

第四节　锅炉炉水

一、锅炉炉水的性质

锅炉是一种产生蒸汽的换热设备，它通过煤、油或天然气等燃料在炉膛内燃烧释放出热能，再把热能传递给水使之转变为蒸汽，蒸汽直接供给工业生产装置，或通过汽轮发电机转换为电能。锅炉一般分为汽包锅炉和直流锅炉。在石油炼制与化工行业，锅炉具有重要作用，其安全稳定运行与锅炉炉水水质直接相关。

锅炉炉内水循环分为自然循环和强制循环两类。自然循环是利用上升管中汽水混合物重度小、质量轻，下降管重度大、质量重，从而造成压力差使两段水柱之间失去平衡，导致锅炉水自然循环；强制循环则是借助水泵的推动作用完成锅炉水的循环。锅炉炉外水循环通常是蒸汽或热水经过热交换器降温和冷却后，再送回锅内，进行炉内水循环，形成汽水循环系统。

因此，锅炉炉水主要包括两部分，一部分为锅炉产生的蒸汽或热水热交换后形成的凝结水或循环水；另一部分则为原水经软化处理后送入水箱的软化水或脱盐水。其中软化水或脱盐水的补充是由于锅炉内循环浓缩后的炉水各浓度会逐渐升高，当锅炉水质条件不满足用水标准时，部分锅炉水将通过排污装置排出。

为保障锅炉安全平稳运行，须依据国家标准 GB/T 1576—2018《工业锅炉水质》中对工业锅炉运行时给水、锅水、蒸汽回水以及补给水的要求，严格规范石油炼制与化工行业的锅炉水质。例如，采用锅外水处理的自然循环蒸汽锅炉和汽水两用锅炉的给水应控制浊度、硬度、pH、电导率、溶解氧、油以及铁含量等指标，其锅水应控制碱度、pH、电导率、溶解固形物、磷酸根及相对碱度等指标，具体标准详见国家标准 GB/T 1576—2018《工业锅炉水质》。

锅炉水的水质达标不仅有利于节约能源资源、杜绝或减少安全事故，而且有利于延长锅炉和配套设备使用寿命。如果锅炉炉水水质不能满足标准，将对锅炉运行产生巨大危害，具体表现在如下几个方面：

（1）锅炉结垢

锅炉水中含有大量金属离子，长期持续运行会造成钙、镁等离子在锅炉受热面集聚形成碳酸盐、硫酸盐水垢，铝、铁的硅酸化合物形成硅酸盐水垢，铁的化合物形成氧化铁水垢等。水垢导热性大幅低于锅炉钢质材料，影响锅炉整体传热特性，阻碍热量传递，造成热量随烟气排除，形成热能损耗。据估算锅炉受热面水垢厚度每增加 1mm，传热效率即降低 5%以上。同时，热效率下降，还会导致燃料用量增加，会增加大气污染，影响空气质量。

水垢隔热会造成锅炉管壁局部温度异常升高，超过金属耐受温度后会产生蠕变现象，降低锅炉使用寿命，甚至造成炉胆塌陷。水垢缝隙中的锅炉水会形成浓度较高的液体，在高温和腐蚀作用下破坏管壁，甚至引发爆炸事故。

此外，水汽循环受热面特别是水冷壁管、对流管等内部结垢，会影响锅炉正常的水汽循环，造成循环阻滞。

（2）锅炉腐蚀

造成锅炉腐蚀的原因既包括来自水侧的腐蚀，也包括来自烟气侧的腐蚀。其中，水侧腐蚀主要表现为电化学腐蚀，炉水中含氧可以催化电化学腐蚀发生，同时二氧化碳溶于水后离解出氢离子，会在原电池阴极部位发生化学反应，产生氢气，都加速了锅炉的腐蚀。同时，水中含盐量也会影响电化学腐蚀质量，以离子形态存在的盐分会加强水的导电能力，加速电化学腐蚀。此外，锅炉内部的金属表面存在结垢时，结垢底下还易发生沉积物下腐蚀。

烟气侧的腐蚀则表现为灰致腐蚀，在高温条件下，锅炉中的炉灰形成低熔点的化合物，在锅炉炉管表面凝结形成熔融层，导致原有的氧化层保护膜失效，从而造成炉管材料的氧化腐蚀。

（3）汽水共腾现象

汽水共腾是指锅炉蒸发表面汽、水共同升起、产生大量泡沫并上下波动的现象。在水位计内也同时出现泡沫，水位急剧波动，汽水界限难于分清，过热蒸汽温度急剧下降，严重时蒸汽管道内发生水冲击。汽水共腾的后果会使蒸汽带水，降低蒸汽品质，造成过热器结垢及水击振动，损坏过热器并影响用汽设备的安全运行。

（4）蒸汽污染及设备损坏

锅炉蒸汽的清洁直接影响锅炉运行的安全性，而水质则决定蒸汽的清洁度，水中杂质过多会在过热器内沉积，导致管壁温度上升，严重时会烧坏过热器管。

因此，为了保障锅炉安全平稳运行，锅炉水须经一定的处理达到标准要求后方能使用。

二、锅炉用水处理技术

根据处理位置的不同，锅炉用水处理技术一般包括两类，锅炉水外部处理技术和锅炉水内部加药处理技术。根据处理对象的不同，锅炉用水处理技术也可分为除氧技术、缓蚀及阻垢技术等。以下将从外部处理技术和内部加药处理技术进行介绍。

1. 锅炉水外部处理技术

锅炉水外部处理技术是进行锅炉补给水预处理及软化、除碱或除盐、除氧等处理，使水质达到各种类型锅炉的要求。应根据水源、水质和炉型的特点，因地制宜地选择适当的水处理设备和系统。

锅炉水外部处理技术一般包括四个阶段：预处理、软化处理、除盐处理、除氧处理，方能达到锅炉用水水质要求。

（1）预处理

由于天然水体中存在大量杂质，其中大多数是以分子、离子或胶状颗粒的形式存在，主要存在的离子包括钠离子、钾离子、钙离子、镁离子、重碳酸根离子、碳酸根离子、硫酸根离子以及氯离子等。

预处理阶段的处理目标是天然水中的胶状颗粒物及微生物等杂质，采用混凝、过滤或杀菌，使水得到澄清或者预先除去部分硬度实现初步净化。常用的混凝剂包括氯化铁、硫酸铁、硫酸铝、聚氯化铝等，同时为了提高混凝效果，还可配合加入 PAM 等助凝剂；过滤则多采用普通快速过滤器、双流过滤器或多层滤料过滤器，近年来以膜材料为基础的过滤工艺也逐步得到应用。

（2）软化处理

原水经预处理后，水中大部分的悬浮物和胶体物质已被去除，但仍存在 Ca^{2+}、Mg^{2+} 等离子杂质，如上文介绍，钙、镁存在会对锅炉的正常运行造成安全隐患。因此，软化处理是锅炉水处理的重要阶段。

在石油炼制与化工行业中，钠离子交换软化法应用较为广泛。通过钠离子交换除去水中的硬度物质，使水得到软化以防止锅炉结垢。常用于钠离子交换过程的设备称为钠离子交换器，其工作原理是利用离子交换反应的可逆性，当水流通过钠型交换剂层时，水中的Ca^{2+}、Mg^{2+}与交换剂中的Na^{+}进行交换反应，从而降低水体硬度，此时交换剂转变为钙镁型失效树脂；当交换剂几乎都失效后需对其进行再生，即再使用Na^{+}将失效树脂中的Ca^{2+}、Mg^{2+}置换出来，以恢复其软化能力。

（3）除盐处理

除盐处理工艺一般包括一级除盐、二级除盐，从而得到一级除盐水和二级除盐水。在锅炉用水中，根据锅炉不同类型（如低压锅炉、高压锅炉）采用不同程度的除盐水。在锅炉给水处理中，一般以电导率和SiO_2含量对除盐水种类进行划分。通常将电导率小于3μS/cm（25℃）的水称为蒸馏水，将电导率小于5μS/cm（25℃）、SiO_2含量小于100μg/L的水称为一级除盐水，电导率小于0.2μS/cm（25℃）、SiO_2含量小于20μg/L的水称为二级除盐水，电导率小于0.2μS/cm（25℃），Cu、Fe、Na含量小于3μg/L，SiO_2含量小于3μg/L的水称为高纯水或超纯水。

除盐处理工艺往往与软化处理工艺相互交叉，在软化过程中90%以上Ca^{2+}、Mg^{2+}等离子已被去除，但其他溶解固形物仍然存在。常见的除盐处理工艺包括蒸馏除盐技术、离子交换技术、膜分离除盐技术（如电渗析、EDI及反渗透）等。

蒸馏法除盐技术是离子交换技术前的一种脱盐技术，其原理是当含盐水被加热到沸腾时，水大量蒸发形成水蒸气，而盐类留在溶液中，水蒸气则冷却得到蒸馏水。要想达到较好的除盐效果，需使用多级蒸发器进行蒸馏处理。该工艺的优点是不受水中含盐量的限制，适用于有余热可利用的场合，设备容量大，故多设于沿海地区；其缺点是设备费用高昂，系统设备、管道结垢与腐蚀较为严重，因此，近年来逐步被其他工艺所取代。

离子交换技术除上文介绍用于软化之外，也可应用于锅炉水的除盐处理。在软化处理过程中，离子交换所采用的是钠型交换剂，实现Ca^{2+}、Mg^{2+}与交换剂中的Na^{+}进行交换反应。而在除盐过程中，除了需对阳离子（如Ca^{2+}、Mg^{2+}、Na^{+}、K^{+}等）进行去除，同时还应对水体中阴离子（如SO_4^{2-}、Cl^{-}、HCO_3^{-}等）进行去除。因此，在锅炉水除盐过程中，离子交换技术常采用氢氧型阴离子交换树脂、氢型阳离子交换树脂联用的方式，实现水体的深度除盐。离子交换技术根据离子交换剂床层的固定方式不同，可分为固定床离子交换、移动床离子交换及流化床离子交换。离子交换脱盐水处理方法发展较早，工艺成熟，出水水质高，工程造价较低，运行稳定且容易控制，便于运行和管理，因此是一种重要的除盐工艺。

电渗析是一种利用电能来进行膜分离的方法。电渗析是在直流电场作用下，以电位差为推动力，利用阴、阳离子交换膜对水溶液中阴、阳离子的选择透过性，把电解质从水溶液中分离出来的分离方法。电渗析常与离子交换结合使用，其优点在于占地小、结构紧凑，无须进行树脂再生，其缺点为阴、阳离子膜易受水中其他污染物（如有机物、胶体物质等）的影响，造成膜孔堵塞。

EDI 为电去离子技术，是一种将混床树脂填充于离子交换膜之间，在直流电场作用下实现连续除盐的新型水处理方法。EDI 技术结合了电渗析与离子交换技术的特点，一方面由于离子交换树脂的填充提高了膜间导电性，增强了由溶液到膜面的离子迁移；另一方面，可对树脂进行原位再生，减少了环境污染。

反渗透技术是目前采用较为广泛的除盐技术，其工作原理为原水以一定压力通过反渗透膜，半透膜只允许水通过而阻止溶解固形物（盐类杂质）通过，水透过膜的微小孔径，经收集后得到淡水，而水中的杂质在浓溶液中浓缩被排除，从而将盐类杂质和水分离开来。反渗透膜可有效地去除水中的可溶性固体、金属氧化物、胶体物质、微生物及有机物，去除率高达 98%~99%。

（4）除氧处理

氧腐蚀常常是影响锅炉长周期安全运行的重要因素之一，锅炉给水除氧在水处理过程中的作用显得至关重要。当前常采用的除氧技术主要包括热力除氧、真空除氧、化学除氧、解析除氧、膜分离除氧等。

热力除氧基于亨利定律，利用蒸汽将锅炉给水加热到大气式热力除氧器压力（0.018MPa）下的饱和温度，此时溶解在水中的各种气体的分压力接近于零，溶解在水中的气体就会析出，从而达到除氧的目的。

真空除氧利用亨利定律和道尔顿定律，通过抽真空降低水的沸点，从而实现在较低温度下（30~60℃）除氧。与热力除氧技术相比，真空除氧加热条件要求很低，锅炉房自耗汽量减少，并且真空除氧器可低位布置，对运行管理喷射泵、加压泵等关键设备的要求比热容力除氧更高。真空除氧效果好坏的关键在于真空度的保持，由于热负荷的波动，系统的气密性难以保证，故该工艺的应用不广泛。

化学除氧是通过向水体投加化学药剂实现除氧的过程。亚硫酸钠、联氨及钢屑是常用的化学除氧剂。亚硫酸钠是一种较强的还原剂，可与水中溶解氧反应生成硫酸钠，从而实现锅炉水除氧处理。按照理论计算值，8mg/L 亚硫酸钠可去除 1mg/L 的溶解氧，但实际除氧过程中，亚硫酸钠的浓度往往要过量。该方法虽操作简单，但亚硫酸钠除氧会导致含盐量的上升，同时又可能产生硫酸钙垢；联氨除氧法一般作为热力除氧后的辅助措施，实现水中残留氧的彻底清除，同时增加锅炉水的含盐量，其原理为联氨与氧反应可生成氮气和水，可有效缓解锅炉的腐蚀；钢屑除氧的原理是水经过钢屑过滤器，钢屑与溶解氧反应从而达到除氧的目的，钢屑除氧器对水温要求较高，一般要求水温大于 70℃，以 80~90℃温度效果最佳。

解析除氧同样利用亨利定律，氧在水中的溶解度与水所接触的气体中氧的分压力成正比，而气体中氧的分压力又与气体中氧的含量成正比，因此将不含氧的气体与待除氧的水体强烈混合接触，使溶解在水中的氧解析到气体中，多次循环使给水达到脱氧的目的。解析除氧在常温下即可进行，投资、运行费用与热力除氧、真空除氧相比较低，占地较小，但对管道系统及除氧水箱的密封有较高要求。

膜分离除氧是一种新型的除氧技术，近年来，在国内油田、化工、电力行业的油田注汽锅炉、蒸汽锅炉、电力锅炉等已开展应用。其原理是利用膜材料的疏水、微孔透气与减压脱氧（膜的一侧通水，另一侧抽真空）原理，建立稳定的气液界面，根据亨利定律和道尔顿分压定律，改变气相分压，使水中溶解氧逸出，达到水中氧脱除的目的。膜（如中空纤维膜，其比表面积大）提供了优良的气液传质条件，因此除氧效率高。膜分离除氧同样可在常温下进行，且去除精度高，可实现 1μg/L 以下的极限除氧效果，同时易实现自动控制，适宜长周期运行。

2. 锅炉水内部加药处理技术

锅炉水内部加药处理技术主要针对锅炉内部的炉水，是指向炉水中加入适当的化学药品，使锅炉水中能发生结垢、腐蚀的物质成水渣、悬浮状态排除，从而达到有效的预防结垢、腐蚀的目的。目前炉水的处理方式有三种，即加碱处理、加磷酸盐处理和加腐殖酸钠处理。

（1）加碱处理

通过向锅炉内投加氢氧化钠或碳酸钠，提高锅炉水的碱度。投加锅炉水 NaOH 的含量，将锅水中 $NaOH/SiO_2$ 质量比控制在 0.8~1.0，可使大部分胶体的 SiO_2 转变成 SiO_3^{2-}，减少硅垢的产生。

（2）加磷酸盐处理

为了防止炉内生成钙、镁水垢和减少水冷壁管腐蚀，向炉水中加入适量磷酸三钠处理。炉水中的钙离子与磷酸根会发生反应生成碱式磷酸钙，碱式磷酸钙是一种松软的水渣，易随锅炉排污排除，且不会粘在内壁上形成水垢。因碱式磷酸钙是一种非常难溶的化合物，它的溶度积很小，所以当锅炉水中保持一定量的过剩磷酸根，可以使锅炉水的钙离子含量非常小，不会有水垢形成。同时，磷酸盐可在锅炉管壁上生成磷酸盐保护膜，防止金属腐蚀。

（3）加腐殖酸处理

腐殖酸钠的羧基或酚羟基上钠离子在碱性条件下可与水中的钙、镁离子进行交换，生成钙镁沉淀物，可以有效对水垢进行分解使之顺利排除。另外这种方式还可以有效阻止水垢的继续增加，通过在内壁形成一层保护膜，对锅炉进行一定的保护。

第三章 污水串级利用

常规的节水策略通常着眼于单个的单元操作或局部用水网络，只能达到局部节水目的，不能使整个用水系统的新鲜水用量和污水产生量最小化。水夹点技术把企业的整个用水系统作为一个有机的整体来对待，合理分配各用水单元的水量和水质，以使系统中水的重复利用率达到最大，同时污水的排放量达到最小。

根据“夹点技术”的理论，炼化企业工艺装置污水的串级利用是指在满足生产水质要求的情况下，结合生产工艺特点实现污水的重复循环使用。通过全厂水平衡测试与工艺调查，对催化裂化装置、常减压装置、焦化装置、加氢装置工艺用水进行全面的分析，提出炼化企业工艺装置污水的串级利用技术，并逐步推广应用。

石化生产不同工艺对水温和水质要求不同，为水在不同装置间不经处理或者少量处理即可串级使用提供了条件。例如，原油电脱盐对注水的含盐要求较高，但对其他污染物要求较低。而脱硫净化水含盐很低，水质完全满足原油电脱盐要求。因此，脱硫净化水可以直接用于电脱盐装置，不仅能够减少取水，同时水中的酚类、低分子醇等有机物得以回收，实现节水、减排和污染物资源化多重效果，因而在企业应用十分普遍。脱硫净化水也可用于其他工艺，如加氢裂化、汽柴油加氢装置冷高压分离器注水、柴油加氢装置热高分气空冷器前注水和含硫污水原料罐水封等，合理使用可减少化学水或新水的消耗，避免“高水低用”。

第一节　汽提净化水利用

一、酸性水汽提工艺和特点

目前，酸性水汽提工艺主要有双塔加压、单塔加压侧线抽出及单塔低压全抽出汽提。

双塔加压汽提工艺设有H_2S汽提塔和氨汽提塔两个塔，两塔的操作压力分别为0.5~0.7MPa、0.1~0.3MPa。H_2S汽提塔塔顶的酸性气送至硫黄回收装置回收硫黄，塔底的含NH_3半净化水再进入氨汽提塔。氨汽提塔塔顶的富氨气体经二级降温分凝、脱硫、压缩、冷凝后制成液氨。该工艺流程复杂，投资和能耗最高，蒸汽单耗高达230~280kg/t(酸性水)，一般仅用于原料水中H_2S和NH_3浓度很高的场合。

单塔加压侧线抽出汽提工艺利用H_2S的相对挥发度比NH_3高的特性，首先将H_2S从汽提塔的上部汽提出去并送至硫黄回收装置，液相中的NH_3及剩余的H_2S在汽提蒸汽作用下，在汽提塔下部被驱除到气相，并在塔中部形成NH_3/H_2S物质的量比较高的富氨气体，这部分富氨气体在汽提塔的侧线被抽出，采用三级降温、降压并分凝的措施获得较高纯度气氨，经精制、冷凝和压缩制成液氨。该工艺汽提塔的操作压力为0.6~0.7MPa，且与双塔加压汽提工艺没有本质上的区别，只是将双塔汽提流程中的H_2S汽提塔和氨汽提塔重叠在一个塔内实现两个塔的功能。与双塔加压汽提比较，投资可减少20%~30%，蒸汽节约30%~40%，蒸汽单耗为150~200kg/t(酸性水)。

单塔低压汽提工艺将H_2S和NH_3一同汽提出来并送至硫黄回收装置。该工艺汽提塔的操作压力仅为0.1MPa左右。该工艺与上述工艺的主要区别在于不回收NH_3。回收NH_3的主要目的有两个：①过去硫黄回收装置烧嘴设计水平不高时，NH_3在酸性气反应炉内不能完全分解，造成未反应的NH_3与H_2S在后续管路中结盐腐蚀、堵塞管路，严重时可导致停车。因此，需要将酸性气中的NH_3分离出去后再送往硫黄回收装置；②炼化企业内部有用户可以消化液氨或所在地有液氨销路。

近年来，硫黄回收技术水平已大幅提高，很多先进技术都可以将酸性气中的NH_3在反应炉内完全分解，从硫黄回收装置原料规格的角度考虑不再需要将酸性气中的NH_3分离；另外，酸性水中可回收的NH_3量相对较小，制成的液氨质量往往较差，不易找到合适的用户。基于以上原因，单塔低压汽提工艺正被国内外越来越多地采用。该工艺在目前所有工艺中投资和能耗最低，蒸汽单耗为140~180kg/t(酸性水)。

二、汽提净化水回用存在的问题

1. 回用净化水带碱

经汽提后的净化水常被用作其他装置的注水。实践证明，用净化水代替新鲜水作为常减压电脱盐注水，电脱盐后原油中盐及水含量基本相同；采用净化水代替软化水作为催化裂化装置富气水洗水，对富气质量没有明显影响。净化水的回用可节约大量新鲜水和软化水，降低污水处理场的负荷，在解决环保问题的同时也为企业增加了可观的经济效益。

然而，一些装置如催化裂化、延迟焦化等产生的酸性水，除游离氨外，还有一部分氨氮是以固定铵形式存在。所谓固定铵是指以强酸根如 SO_4^{2-}、$S_2O_3^{2-}$、HSO_3^-、Cl^-等和 NH_4^+结合形成的铵盐。这部分固定铵采用常规汽提很难被脱除掉，即使增加汽提蒸汽量和汽提塔塔板数，也几乎没有效果，致使净化水中氨氮含量偏高，使总氨含量无法降低到预期的水平，加重了后续氨处理的负担。

去除固定铵普遍采用的方法是向汽提塔内加碱。SO_4^{2-}为例，在酸性水体系中铵离子存在以下平衡：

$$(NH_4)_2SO_4^{2-}+2NaOH \rightleftharpoons 2NH_4OH+Na_2SO_4 \quad (\text{I})$$

$$NH_4OH \rightleftharpoons NH_3+H_2O \quad (\text{II})$$

当向汽提塔内加碱时，OH^-浓度增加，平衡向右移动，达到去除固定铵的作用。中国专利 CN 1205983《一种处理炼油厂酸性污水多段汽提方法》也指出，随着原油加工深度的提高及原油性质的变化，酸性水中固定铵(如硫酸铵、氯化铵等)含量大幅度提高，这种铵盐靠单纯的热汽提难以从水中脱除。净化水所含总氨中有50%~80%是以固定铵形式存在的，即当净化水中总氨的质量浓度为50~400mg/L时，其中固定铵的质量浓度为30~300mg/L。采用往汽提塔内加碱是一条有效的措施，可将汽提净化水中总氨的质量浓度降至20mg/L以下。

净化水作为常减压电脱盐用水时，如碱液浓度过高，会使原油乳化严重，电脱盐罐内油水界面不明显，脱后原油中盐和水的质量浓度超标；含碱净化水送往加氢装置还可能会引起加氢和后续装置催化剂中毒。回用水带碱问题已严重影响并限制了净化水的使用，为保证净化水的回用质量，就必须控制其中碱液含量。

2. 净化水过度汽提

酸性水的单位能耗和汽提工艺的选择有很大关系，目前三种汽提工艺的单位能耗从高到低的顺序依次为双塔加压、单塔加压侧线抽出和单塔低压汽提。就能耗最低的单塔低压汽提工艺而言，蒸汽单耗也达到 140~180kg/t(酸性水)，能量消耗可观。

酸性水汽提工艺能耗较高的一个重要原因是部分净化水作为回用水时被过度汽提。目前，随着对环保要求的日益严格，多数炼化企业要求汽提后的净化水中 $\rho(NH_3)\leqslant 50mg/L$、$\rho(H_2S)\leqslant 20mg/L$。然后，再根据炼化企业的实际情况设置多条出装置线，分别用于常减压、加氢精制等装置注水回用，其余排至污水处理场。但各装置对净化水的回用要求各不相同，如加氢裂化装置注水后产生的酸性水中 NH_3 的质量浓度较高，一般大于 10000mg/L，故将 NH_3 质量浓度为 200~300mg/L 的净化水作为加氢裂化注水，对装置操作基本不会造成影响，而将 NH_3 质量浓度为 50mg/L 甚至更低的净化水作为该装置注水，净化水的质量指标远高于所需要的指标，酸性水被过度汽提，从而造成了不必要的能量浪费。

三、汽提净化水来源及回用

含硫污水经过污水汽提装置进行单塔侧线处理，塔顶排出的 H_2S 进入硫黄回收装置，侧线抽出氨，进行精制后生成液氨，塔底排出汽提净化水。净化水与原料酸性水的不同在于其中的硫、氮含量减少，所谓的原料酸性水是指高含氮含硫污水，产生于炼油厂各生产单元，主要包括：催化裂化酸性水、加氢裂化酸性水、汽柴油加氢酸性水和延迟焦化酸性水等。

各炼油厂酸性水汽提单元中，净化水量很大，为了减轻净化水的处理负荷，只有少部分水排至污水管网做进一步生化处理，大部分净化水要被回用于其他装置。酸性水经过汽提排出的净化水，可以回用作电脱盐注水、催化富气水洗水、汽油和柴油加氢精制注水、焦化炉管注水、催化重整、延迟焦化等装置用水，回用率可达 80%以上。汽提净化水回用，可节约新鲜水、软化水用量，减少污水场污水处理量、氨氮负荷、*COD* 负荷和挥发酚负荷，使污水处理场很可能采用传统的“老三套”即可实现氨氮达标排放。

在某炼化企业的应用表明，汽提净化水作为电脱盐注水，经原油萃取，污染物含量大幅下降，平均去除率分别为酚 75%、*COD* 80%、硫化物 81%、氨氮 40%；不影响油品质量，同时降低了污水处理场负荷。如果有两套以上汽提装置，可以分别用于加氢工艺酸性水与催化裂化、焦化和常减压蒸馏酸性水的处理，这有助于提高净化水回用比例和回用水的价值。

四、汽提净化水串级利用

催化裂化和焦化装置的富气洗涤水原设计使用软化水，目的是洗去富气中部分硫化物，因这两股富气的洗涤水对水质要求不高，用含硫污水取代软化水在技术上是可行的。某厂用催化分馏塔顶油水分离器分出的含硫污水替代催化富气洗涤用软化水；用常减压装置二顶部分含硫污水替代焦化富气洗涤用软化水；用常减压装置的二顶含硫污水替代常压塔顶注水（系美国Baker-Petrolite公司的专家建议，此流程在国外已被大部分炼油厂采用）。

含硫污水的串级使用降低了含硫污水的产生量，减轻了汽提装置的负荷减少了进污水处理场的污水量节省了软化水的用量。

1. 带液相侧线抽出的酸性水汽提方法

采用液相侧线抽出的方法可保证在回用净化水中不含碱液的前提下降低装置能耗。如图3-1所示，自上游各装置来的酸性水经混合、脱气、除油、均质、升压后，再经酸性水-净化水换热器（7）与酸性水汽提塔（1）来的净化水换热到80~85℃，进入酸性水汽提塔（1）的第4层塔盘（从上向下数，下同）。酸性水汽提塔（1）的塔顶、塔底温度分别控制在110~120℃、125~136℃，塔顶、塔底压力分别控制在0.12~0.16MPa、0.17~0.20MPa。塔顶酸性气经汽提塔顶冷凝器（2）冷凝冷却至85~90℃后进入汽提塔顶回流罐（3），分出的酸性水由汽提塔顶回流泵（4）升压后作为回流，分出的含氨酸性气作为产品送至硫黄回收装置。塔釜净化水经净化水泵（6）抽出，再经酸性水-净化水换热器（7）与酸性水换热至60~65℃，最后经净化水冷却器（8）冷却至40℃后送至污水处理场。汽提塔塔底重沸器（5）为汽提提供热源，加热介质为0.6~1.0MPa蒸汽。

酸性水汽提塔（1）的塔板数设定为56块，自第39~43块塔板抽出1#无碱回用水，控制其中NH_3、H_2S质量浓度分别为200~300mg/L和20~25mg/L。由于加氢裂化装置注水后产生的酸性水中NH_3、H_2S质量浓度很高，催化裂化装置富气水洗水呈弱碱性有利于对H_2S等酸性物质的吸收，上述指标满足这些装置回用水要求，故1#无碱回用水可由1#无碱回用水升压泵（10）升压并经1#无碱回用水冷却器（11）冷却到40℃后作为这些装置的回用水；自第45~49块塔板抽出的2#无碱回用水中，NH_3、H_2S含量较低，分别控制在100~150mg/L、15~20mg/L，可用作常减压或加氢精制等装置的回用水，由2#无碱回用水升压泵（13）加压到界区所需要的压力，再经2#无碱回用水冷却器（14）冷却（电脱盐注水可不经冷却）到40℃后送出装置；碱液经碱液注入泵（15）升压后注入酸性水汽提塔（1），铵离子得以解离以氨的形式从水中分离。

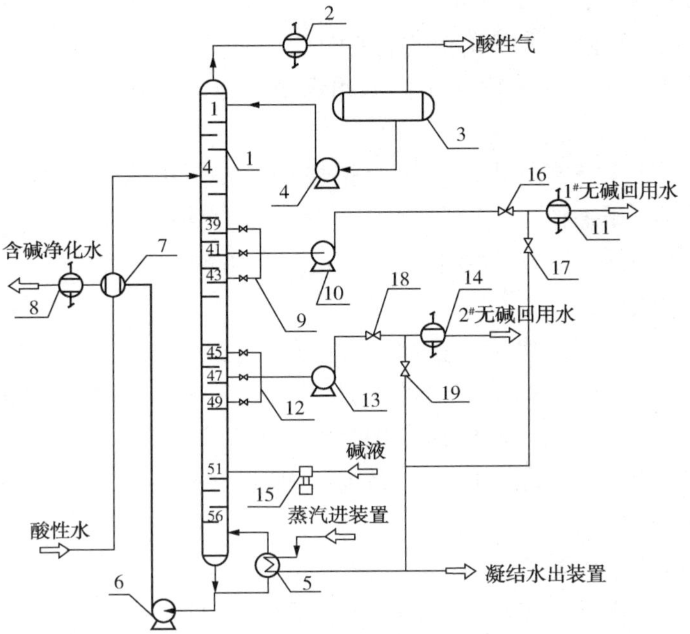

图 3-1　带液相抽出的酸性水汽提工艺流程示意图

1—酸性水汽提塔；2—塔顶冷凝器；3—塔顶回流罐；4—塔顶回流泵；5—塔底重沸器；6—净化水泵；7—换热器；8—冷却器；9—1#回用水抽出管路；10—升压泵；11—冷却器；12—2#回用水抽出管路；13—升压泵；14—冷却器；15—碱液注入泵；16～19—调节阀；39～56—塔板数

碱液注入点要选择靠近塔底的塔板位置，因为绝大部分的 H_2S 已在其上方的塔板中脱除，碱液的注入不会使其与 H_2S 反应造成塔底硫含量超标；但注碱位置又不能过低，否则铵离子解离出的 NH_3 得不到充分的汽提。根据酸性水汽提的这一特性，确定第 51 块塔板附近为碱液注入位置。

由于重沸器凝结水中不含 NH_3、H_2S，可将源于汽提塔塔底重沸器(5)的部分蒸汽凝结水接至 1#或 2#无碱回用水管线上，通过设在 1#无碱回用水线管线上的调节阀(16)和设在凝结水管线上的调节阀(17)分别调节两者流量，就相当于调节了 1#无碱回用水线中的 NH_3、H_2S 含量。同理，也可通过调节阀(1)和调节阀(19)来调节 2#无碱回用水线中的 NH_3、H_2S 含量，进一步降低回用水中杂质含量或降低汽提苛刻度，增加装置操作灵活性。

另外，也可根据实际需要，将前述的 2 条侧线抽出改为 1 条侧线抽出，此时酸性水汽提塔的塔板数由原来的 56 块降为 51 块；其他操作条件均保持不变。

带液相侧线抽出工艺与常规工艺相比，尽管设备投资略高，但两者蒸汽单耗分别为 13.761kg/t(酸性水)和 16.853kg/t(酸性水)，循环水单耗分别为

3.77kg/t(酸性水)和5.27kg/t(酸性水)，前者明显低于后者；在总能耗上，前者较后者大幅度降低了28.45%，节能效果明显。

2. 延迟焦化装置含硫污水串级利用及汽提净化水回用

(1) 注水

分馏塔顶注水、富气水洗水可直接使用本装置的含硫污水，如将稳定塔顶分液罐或富气压缩机出口分液罐的含硫污水直接引入分馏塔顶油气线串级使用，压缩机富气水洗水直接利用分馏塔顶分液罐含硫污水。

(2) 冷切焦水补水

一般来说，延迟焦化装置在吹汽和冷却过程放空塔顶分离器收集的污水，硫化氢和氨含量在冷却的第一个小时达到最高。因此，可考虑将放空塔顶分液罐排水实施分质处理，初期污水送至酸性水汽提装置，1h后的污水排入冷切焦水系统；或者在不同时间点对放空塔排水中污染物含量进行分析，根据分析结果确定最佳切水时间点。

另外，也有企业将放空塔全部排水排入冷切焦水系统，如某炼油企业290×10^4t/a延迟焦化装置，设计时放空塔顶气液分离罐中污水直接排至冷切焦水系统，隔油处理后作为冷切焦水补充水，实际运行过程中考虑到恶臭异味、焦粉问题，排水先进油水分离罐静置，取罐体下部分水作为冷切焦水补充水，同时为保证水质定期用污水处理场中水置换部分冷焦水。

(3) 冷切焦水系统补水

冷切焦水系统补水最早设计为新鲜水，后来有装置使用污水处理场中水，或选择含硫污水汽提净化水作部分补水水源，如某炼油企业160×10^4t/a延迟焦化装置冷切焦水系统补水水源为含硫污水汽提净化水和污水处理场中水，平均每天补净化水量70t左右，污水处理场中水70~100t。企业含硫污水汽提净化水回用量宜根据系统补水量需求以及现场工作条件(如异味控制要求及措施等)来确定。

(4) 部分替代大吹汽蒸汽

近年来，基于节能目的，很多企业实施了除盐水、凝结水部分替代大吹汽节能技术改造。随之，陆续有企业开展了高温含硫污水汽提净化水部分替代大吹汽技术攻关。某炼油企业160×10^4t/a焦化装置采用SS智能喷雾系统，150℃含硫污水汽提净化水先进入净化水缓冲罐再由离心泵打入雾化器，在喷嘴及导流器件的作用下将净化水雾化，并与280℃雾化蒸汽混合，以水雾形式经原有大吹汽管线进入焦炭塔，进行焦炭塔大吹汽操作。企业项目投用后运行效果良好，节约了大约60%的大吹汽蒸汽量，源头减少含硫污水量1×10^4t/a，按照蒸汽成本160元/t、含硫污水酸性水汽提成本20元/t估算，一年经济效益约 180 万元。

实施含硫污水汽提净化水部分替代大吹汽蒸汽技术改造，一要采取措施去除净化水中悬浮物杂质，可在雾化器前设置两组并联过滤器，正常生产中及时根据过滤器差压进行切换，并对切出的过滤器进行冲洗、备用；二要确保净化水、蒸汽混合后进塔温度满足工艺要求；三要根据焦炭塔塔顶压力和塔壁温降速率，及时调整净化水和蒸汽用量比例，以避免出现塔壁温度快速下降问题。

五、汽提净化水回用电脱盐

电脱盐装置注净化水和除盐水对原油脱盐的影响见表 3-1。

表 3-1　某炼油厂三蒸馏电脱盐原油注水除盐效果比较

项　　目	注除盐水			注净化水		
	1	2	3	1	2	3
脱前含盐/(mg/L)	7.68	3.82	4.66	6.31	4.90	7.32
脱后含盐/(mg/L)	4.57	3.48	4.48	4.67	2.07	3.29
脱除率/%	40.5	8.9	3.9	26.0	57.8	55.1

表 3-1 的数据表明，三蒸馏电脱盐装置在注除盐水时和改注净化水后原油中盐的平均含量基本相当，均可达到工艺要求。数据表明电脱盐装置注净化水的除盐效果是稳定可靠的。

从表 3-2 数据分析可知，三蒸馏电脱盐装置注净化水与注除盐水时，对原油中钠离子的脱除效果是相当的，而铁离子的含量未明显增加。这两种离子对原油的后续加工过程有重要影响，其中钠离子的含量高会导致对催化裂化的催化剂的中毒，影响催化剂的活性、产品选择性及收率。铁离子的积聚会导致加氢裂化、加氢精制的催化剂床层堵塞、压降升高，影响正常生产。实践证明，用净化水代替除盐水，在原油加工过程中，没有对下游装置(如催化裂化)造成不良影响。

表 3-2　原油电脱盐注水脱金属离子的效果比较　　ppm

项目		钠	钙	镍	铁
注净化水	原油脱前	1.68	1.32	2.83	2.41
	原油脱后	0.61	3.34	2.81	2.93
注除盐水	原油脱前	2.15	2.88	1.94	1.33
	原油脱后	1.67	1.97	3.37	2.31

注：1ppm = 10^{-6}。

从表3-3的净化水注电脱盐前后的水质分析数据可以看出，经过电脱盐后，排水中油含量没有明显变化，其余污染物指标均明显下降。其中，硫化物下降了63%，酚下降了79%。原因是在电脱盐过程中，净化水中的酚经原油的萃取作用从水相回到了油相中，使酚得到了回收。这表明净化水经电脱盐后，比原来直接排放污水场时的污染负荷减少了，改善了排放污水的水质，有利于污水场的进一步处理。从表3-3数据可知，净化水中有少量的硫化物和氨氮转移到原油中，在原油进一步加工过程中，又转移到污水中，最终得到脱除。这些物质的量很小，且本身就是炼油过程中的产物，对原油加工没有不良影响。

表3-3 净化水注电脱盐前后水质分析比较表 mg/L

项目		油	硫化物	酚	氨氮	*COD*
1	注前	21	52.3	269	116	1017
	脱后	20	33.7	90.5	78.5	649
2	注前	23	64.1	221	123	1110
	脱后	22	22.4	24.1	106	473
3	注前	15	68.3	248	102	1083
	脱后	16	12.8	25.3	63	661
4	注前	18	64.1	188	84	1176
	脱后	12	19.2	53.2	63	578

六、汽提净化水回用催化压缩富气注水

催化裂化压缩富气注水目的是用水吸收富气中硫化物、氨等物质，以减少后部设备腐蚀，防止空冷器和后部设备产生铵盐结垢堵塞，也可去除少量脱前干气和脱前液态烃中硫化物含量。有关三催化压缩富气分别注除盐水和净化水对含硫含氨污水的影响见表3-4。从数据分析可知，注净化水与注除盐水相比，所产生的含硫污水中硫化物含量明显上升，说明油气中的硫化物通过注水吸收过程更多地转移到含硫污水中。在其他相同条件下，污水中硫化物的增加量大致应等于脱前干气及脱前液态烃等中间产品中硫化物的减少量。这说明富气水洗采用净化水效果更好。这与净化水pH值在10左右，其弱碱性有利于对硫化氢等酸性物质的吸收有关。虽然注净化水后含硫含氨污水污染物含量较高，但是，催化裂化装置与污水汽提装置之间建立了良好的循环，硫化物和氨都得到有效脱除，基本上不影响全厂的污水水质。

表 3-4　某炼油厂三催化装置富气注水对含硫污水水质的影响

项　　目		pH	油/(mg/L)	硫化物/(mg/L)	*COD*/(mg/L)	氨氮/(mg/L)	注水情况
1	含硫污水罐	9.2	160	1693	14093	4241	除盐水
	凝缩油罐	8.0	125	1321	10863	2827	
2	含硫污水罐	9.3	250	1709	19524	4617	
	凝缩油罐	7.9	190	1683	17469	3487	
3	含硫污水罐	8.9	250	2183	19965	4052	净化水
4	凝缩油罐	7.4	170	2982	18497	4241	
	含硫污水罐	9.3	375	1699	35232	4806	
	凝缩油罐	8.3	90	3406	36700	5371	

注：注水量约 16t/h。

从表 3-4 可知：原来注除盐水时，凝缩油罐排水的硫化物和氨的含量小于全装置汇集的含硫污水的硫化物和氨的含量。说明串联注水方式有利于充分吸收油气中的硫化物和氨，可节约注除盐水量。改注净化水后，这种注水方式的结果是凝缩油罐排水的硫化物和氨的含量大于全装置汇集的含硫污水的硫化物和氨的含量。说明将凝缩油罐排水再注至分馏塔顶油气线上已不合理。解决的办法可将原串联注水改为两路并联注水，即将注水泵出口分两路分别注至压缩富气空冷器及分馏塔顶油气空冷器。改动后，可增加净化水的注入量，有利于去除分馏塔顶油气中的硫化物和氨，也适当增加了含硫污水量。催化裂化装置压缩富气改注净化水后，净化干气和液态烃产品质量合格，污水汽提装置运行稳定，达到了预期的效果。

第二节　锅炉炉水利用

石油炼制与化工行业蒸汽锅炉所生产的蒸汽一般用于生产过程加热，蒸汽经换热后产生的大量凝结水是极具价值的水资源。蒸汽在各用汽设备中放出汽化潜热后，变为近乎同温同压下的饱和凝结水。由于蒸汽的使用压力大于大气压力，所以凝结水所具有的热量可达蒸汽全热量的 20%～30%，且压力、温度越高，凝结水具有的热量就越多，占蒸汽总热量的比例也就越大。

锅炉凝结水的回收及利用具有以下几方面优点：①锅炉给水每提高 6～7℃，可节省燃料约 1%，充分利用凝结水的热量使锅炉给水温度上升，可节约锅炉燃料；②将凝结水直接送回锅炉或通过与补给水换热后进入水处理装置，可降低补给水的用量并节约部分水处理费用；③燃料消耗量减少，烟尘及污染物的排放亦相应减少，可减轻大气污染；④消除因排放凝结水而产生的热气，生产环境大大改善。随着凝结水处理技术的不断成熟和发展，通过建立健全的炼油厂凝结水回收系统，使凝结水回用至锅炉，既可避免凝结水作循环水或低温热补水的“高质低用”问题，又可消除高温凝结水直排污水处理系统带来的能源浪费及环境污染问题，达到高质高用、节能减排、挖潜增效的目的。

一、锅炉凝结水回收方式

锅炉凝结水回收方式按照凝结水是否对大气开放，可分为开式凝结水回收和闭式凝结水回收。在开式凝结水回收系统中，其回收管路端(通常为凝结水集水箱)与大气开放，通过排出泄漏蒸汽和闪蒸汽，达到降压和降温的目的。该系统设备简单、操作方便，但由于凝结水直接与大气接触，凝结水中的溶氧浓度提高，易产生设备、管线的腐蚀，同时热能浪费大、余热回收率低。因此该系统适用于凝结水回收压力低、凝结水量和二次蒸汽量较少的系统。

闭式凝结水回收系统是指在凝结水回收的各个单元和环节都不与大气接触。开式凝结水回收系统是重力差回收，而闭式凝结水系统是压力差回收。用汽设备尾部疏水器的压力高于回收系统管道阻力与集水罐压力的总和，蒸汽凝结水可依靠压力差回输进集水罐。闭式系统可实现较高的凝结水回收率、余热回收率，是较理想的节能降耗、提高经济效益的措施。

二、锅炉凝结水的输送

为了保证凝结水高效低耗输送，凝结水输送系统一般由两部分构成，一部分为疏水系统，另一部分为凝结水回收装置。

疏水器是疏水系统的重要设备，疏水器可以自动排出蒸汽管道和设备中不断产生的凝结水、空气及其他不凝性气体，同时阻止蒸汽逸出。根据其作用原理不同，疏水器一般可分为机械性疏水器、热静力型疏水器及热动力型疏水器。

凝结水回收装置一般包括集水罐和凝结水回收泵两部分。凝结水通过疏水器和回水管线进入集水罐，经过缓冲后由凝结水泵输送至换热设备或除氧器等下级设备。

三、锅炉凝结水的利用

凝结水是一种优质的软化水和含高热量的热水，具有极高的经济价值和广泛的应用价值，高压凝结水压降后产生的二次蒸汽更增加了其利用的潜能。锅炉凝结水的利用主要有以下几种方式：

1. 锅炉补水

凝结水是含高热的纯净软化水，若将其直接输送到锅炉，不仅节约了补给水量和水处理的费用，而且减少了加热补给水所需的燃料费用，该方式是利用凝结水的有效途径之一。

然而，凝结水在形成过程中往往受到多种因素污染，如在凝结水制备和输送过程中，凝结水易受金属腐蚀产物污染；水蒸气凝结时，凝结水系统的泄漏会导致冷却水内的盐类或悬浮物进入凝结水中，造成凝结水的污染。因此，在石油炼制与化工行业，凝结水中的主要的污染物是铁、硅以及一些杂质成分，且存在着油污染的可能性。经过常规的处理技术措施，没有办法达到锅炉补水的标准。因此，需要进行精细的处理，提高炼油厂蒸汽凝结水处理的效果，达到污水利用的效果。

常用的凝结水除油、除铁技术包括表面过滤器+精密过滤器+活性炭过滤器、超微过滤器+纤维吸附过滤器、复合膜除油除铁装置+精密过滤器、磁增益除铁+富集除油+吹扫禁油、粉末树脂覆盖过滤器、聚结过滤器、改性纤维球过滤器等。

此外，如果凝结水回到有汽轮机存在的设备时，须控制凝结水中硅的含量，一旦硅的含量超标将严重影响汽轮机叶片的工作性能。

2. 换热利用

换热利用主要适用于以下几种情况：①凝结水的集中处距离锅炉较远；②用汽单位没有锅炉；③凝结水混入具有腐蚀性的污染物质；④凝结水的水处理费用较高时(远大于凝结水的自身价值)。以上的情况就不适合锅炉补水的利用方式，通常利用换热器给锅炉补给水进行加热或者本着就近利用的原则利用到生产工艺中。

3. 闪蒸汽利用

处于饱和状态下的凝结水一旦排至低压区时，部分凝结水就会产生二次蒸汽，该现象被称为凝结水的闪蒸。由于闪蒸汽从凝结水中带走大量的热量，所以闪蒸汽具有很高的利用价值，充分利用闪蒸汽是凝结水利用的重要组成部分。

四、锅炉排污水回收及利用

锅炉在运行时，随给水进入锅炉的杂质和腐蚀产物，其中很少部分被蒸汽带走，大多数则仍然留在炉水中。随着运行周期不断增加，此类污染物浓度不断累积，当其浓度超过炉水的允许值时，不但影响蒸汽的品质，还可能形成水垢或水渣，危及锅炉的安全。因此，须排放一部分炉水，并补充相同水量的给水，使炉水的含盐量、含硅量和腐蚀产物的含量等维持在炉水的允许值以下，上述排放的锅炉水称为锅炉排污水。

锅炉排污一般有两种形式，一种是定期排污，另一种是连续排污。定期排污是从锅炉水循环系统的最低点排放锅水以除去水渣。排放间隔时间根据水质情况而定，每8~24h排放一次，当补充高纯度除盐水时，也可以数天排放一次。每次排放时间大约0.5~1min，每次排放量约为锅炉蒸发量的0.1%~0.5%。连续排污是从汽包中连续排放炉水。对任何汽包锅炉都必须有连续排污装置。连续排污的量可根据炉水水质而定。对于用除盐水作为锅炉补给水的锅炉，通常按炉水的允许含硅量来决定其排污率。

锅炉排污水是经过浓缩后所排放的锅炉水，其水质有如下几个特点：①含有大量热能的软化水；②不含悬浮物、油类物质；③含盐量、溶解氧量低，铁、铜、游离氯含量低；④含有一定碱度，pH值一般为10~12。

现阶段锅炉排污水的利用主要包括两种方式，一是直接作为脱硫除尘器的用水，二是利用换热器先回收热量，然后再作为脱硫除尘器的用水。

锅炉排污水碱性较高，其中NaOH、Na_2CO_3贡献了排污水的碱度，而上述两种物质可作为脱硫除尘器的碱性物质，代替$Ca(OH)_2$。同时，烟气中的NO_x也会被排污水吸收，形成对应的稳定的硝酸盐。因此，锅炉排污水在烟气脱硫脱硝方面具有一定的利用价值。直接作为脱硫除尘器用水时，锅炉水还具有高温的优势，一方面以提高反应速度和减少烟气的温降，另一方面有利于烟气的排出扩散。据报道，在增设化学碱性水辅助系统的条件下，脱硫率可达85%，脱硝率可达90%以上，该方法在脱硫、脱硝的同时，以废治废，且不产生二次污染，具有良好的经济效益和社会效益。

由于锅炉排污水的温度通常在90℃以上，且水质由于一般原水水质，因此可优先充分利用其热量，如将锅炉排污水先回用至冬季热网采暖系统，或通过软化水罐将需要升温的软化水通过热交换作用获得热量；同时冷却排污水，达到排污水热能回收的目的。经换热后的锅炉排污水送至其他地区或作为冲渣水、冲灰水、冲洗水或作为化盐水使用。

除上述直接利用锅炉排污水外，部分学者、专家提出了处理后提升水质再利用的方案。如可经过多级过滤+膜处理或离子交换树脂技术开展锅炉排污水的深度处理回用，最终进入锅炉补给水系统；或经过沉淀+陶瓷膜过滤进入二次供暖管网；或采用反渗透+化学沉淀法和离子交换+化学沉淀法相结合的处理工艺，达到一级除盐水水质要求并进一步优质利用。

第三节　污水串级利用案例

一、汽提净化水串级利用案例

案例一：北方某炼油厂汽提净化水串级利用

北方某炼油厂 2016 年加工原油量 910×10^4t，汽提净化水装置的规模为 120×10^4t/a，其主要来源为上游的Ⅰ重油催化装置、Ⅱ重油催化裂化装置、加氢精制装置、加氢裂化装置、延迟焦化装置、汽油加氢装置和芳烃装置，其水质指标见表 3-5。

表 3-5　炼油厂酸性水装置酸性水原料指标

项　　目	指　　标	实测值(2016.1.8)
H_2S 含量/(μg/g)	≤15000	13862
NH_3 含量/(μg/g)	≤20000	14689
COD/(mg/L)	≤1500	1020

该炼油厂酸性水采用单塔加压汽提工艺，如图 3-2 所示。

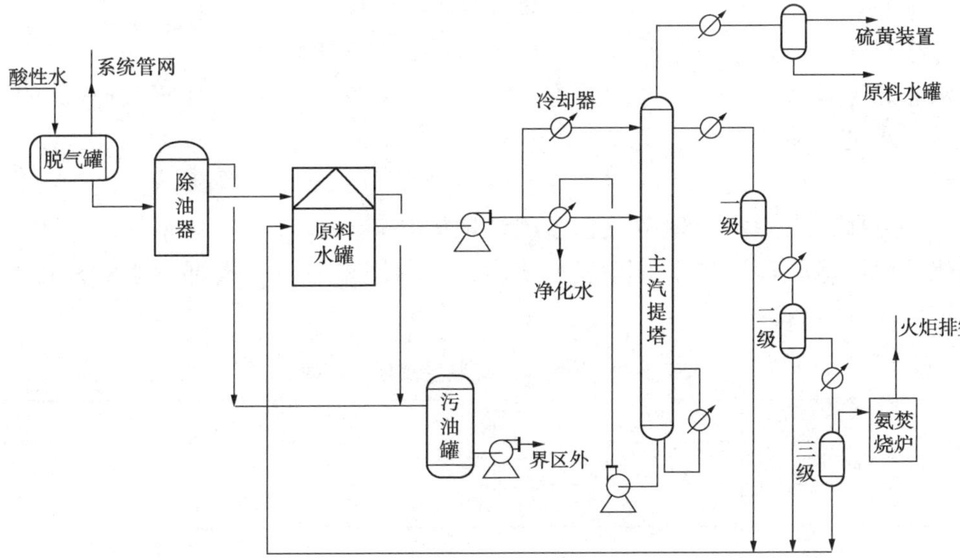

图 3-2　炼油厂酸性水处理工艺流程简图

炼油厂酸性水经汽提装置处理后，塔顶酸性气去硫黄回收装置作为制硫原料，塔侧线得到的粗氨气送至氨气焚烧炉进行热焚烧处理后放空，塔底净化水一部分回收利用，剩余排至含油污水管网，送往污水厂继续处理，达到 GB 31571—2015《石油化学工业污染物排放标准》后排放至松花江。炼油厂酸性水经酸性水汽提处理后的净化水中 NH_3 含量、H_2S 含量和 *COD* 大幅下降，达到了常压装置电脱盐的注水及其他装置的回用要求，污水排放水质得到了明显的改观，排污费用大幅度下降，炼油厂酸性水经处理装置处理后净化水相关指标和 2016 年 1 月 8 日装置净化水相关指标实测值见表 3-6。

表 3-6 炼油厂酸性水装置净化水指标

项　目	指　标	实测值(2016. 1. 8)
H_2S 含量/(μg/g)	≤40	18
NH_3 含量/(μg/g)	≤40	22
COD/(mg/L)	≤300	289

炼油厂酸性水经过处理得到的净化水一部分返回装置作为常减压电脱盐注水、冷却水、循环水补水，一部分去焦化装置作冷焦水，净化水回用率 52%以上，按此计算可节约新鲜水 100t/h，同时减少排污量 100t/h，可节约新鲜水费和排污费 172 万元/a，按硫黄回收装置产生硫黄 20000t/a，硫黄 684 元/t 计算，可创效 1368 万元/a。

案例二：某石化公司汽提净化水串级利用

某石化公司共有两套酸性水汽提装置，设计处理量均为 110t/h，加氢酸性水与非加氢酸性水分开处理，Ⅰ套酸性水汽提装置处理非加氢酸性水，Ⅱ套酸性水汽提装置处理加氢酸性水。

酸性水经过汽提后塔底得到净化水，该部分水质量相对稳定(表 3-7)，出塔后直接排入污水处理系统，经过处理后外排。目前，净化水的回用主要是代替原油电脱盐装置中的除盐水使用，但回用量较少，大部分水被外排造成浪费。

表 3-7 酸性水汽提装置净化水数据

指　标	数　据	指　标	数　据
COD/(mg/L)	1180	pH	9. 73
氨氮/(mg/L)	15. 2	硫化物/(mg/L)	0. 153

改进措施：增加一台净化水缓冲罐和净化水泵，利用已有管线将净化水送至焦化车间，代替循环水用作冷焦水补水、冷焦水缓冲罐和含硫污水罐配套水封罐的水封水，代替除盐水用作气压机出口富气水洗水；酸性水汽提装置 5 个酸性水罐水封全由新鲜水改为净化水；侧线气二级冷凝换热器由除盐

水换热改为净化水换热。

净化水回用设施自2014年12月份投用以来，节约除盐水7.48t/h，节约循环水15t/h，节约新鲜水1.2t/h，回用效果明显，减少了向污水处理系统的排放，减轻了污水处理的压力，节约了大量资金。

案例三：华北石化净化水串级利用

华北石化常压蒸馏装置生产能力为500×10^4t/a，减压蒸馏装置生产能力为180×10^4t/a。污水汽提装置开工正常后产生净化水约70t/h，如果不加以利用，净化水将直接排入含油污水去污水处理场。其净化水水质指标见表3-8。

表3-8 净化水指标

指标	数据	指标	数据
COD/(mg/L)	1184	铁离子/(mg/L)	1.14
电导率/(μS/cm)	2660	氯离子/(mg/L)	280
硫化物/(mg/L)	6.1	溶解氧/(mg/L)	2.6
氨氮/(mg/L)	110	悬浮物/(mg/L)	—
钙离子/(mg/L)	35.1	pH	8.8
总硬度/(mg/L)	35.1		

污水汽提装置净化水的压力和流量基本满足电脱盐注水、配剂用水需要，常减压装置三注原设计使用新鲜水，通过流程改造实现用净化水代替新鲜水，满足生产需要和工艺指标。节约新鲜水消耗252000t/a，减少污水处理量和污水外排量252000t/a。新鲜水按3.2元/t计算，污水处理费用按0.80元/t计算，排污费按0.15元/t计算，全年可节约费用100多万元。净化水回用降低了新鲜水消耗，炼油1t油水消耗已经降至0.8t，减少了污水外排量，对于改善周边环境效果很大；降低了污水处理厂的负荷，节约了污水处理费用，节能减排效果显著。

案例四：某炼化企业净化水串级利用

某炼化企业是对脱硫净化水进行综合利用的典型，该企业对原有120t/h含硫污水汽提装置进行扩能改造，新增一套80t/h汽提装置，在提高拨氨深度和汽提净化水水质的基础上，实现加氢型与非加氢型含硫污水分开处理和回用。用净化水替代软化水回用于Ⅰ、Ⅱ、Ⅲ套常减压电脱盐注水和Ⅰ、Ⅱ、Ⅲ、Ⅳ、Ⅴ套加氢精制装置高压分离器空冷注水，2008年回用净化水151×10^4t，约占全部汽提净化水的65%。该炼化企业还将未经汽提处理的含硫污水用于富气洗涤水，减少了20t/h软化水；将Ⅰ套常减压和其他非加氢型装置含硫污水，用于延迟焦化装置富气洗涤水的注水；将Ⅲ套常减压装置的二顶含硫污水串级用于该装置的常压塔顶注水。三项技改共减少了30t/h软化水，而且减少了相应水量的含硫污水处理。

二、锅炉炉水串级利用案例

案例五：北方某石化公司凝结水回收利用

北方某石化公司原油加工能力 300×10^4t/a，是以生产燃料油为主的中型炼油企业。2011年6月新上3套50t/h(每套处理量为50t/h)蒸汽凝结水陶瓷膜超滤除油除铁装置。由各凝结水回收站收集的凝结水汇总后进入凝结水原水罐，经原水泵提升后进入除油除铁处理装置脱除机械杂质、溶解烃类和高价金属离子。处理后合格的净化水进入净化水罐，最后由净水泵送至锅炉除氧器系统，最终作为中压锅炉给水使用，凝结水进出水指标见表3-9。

表3-9　凝结水进出水指标

项　　目	进　　水	出　　水
油/(mg/L)	<100	≤1.0
铁/(μg/L)	<1000	≤50
pH	7.2~9.2	7.2~8.9
温度/℃	60~100	85~90
硬度/(μmol/L)	≤3.0	≤3.0
电导率/(μS/cm)	35	≤10
浊度/NTU	2.25	≤0.5

投用半年时间，减少软化水的补水量345600t，节约成本580.95万元。软水生产需求新鲜水量按标准系统每吨1.25t来计算，节约新鲜水432000t，节约成本101.52万元。合计节约成本682.47万元。项目总体投资350万元，投资回收期大约3个月。

案例六：某石化公司锅炉间断排污水串级利用

某石化公司乙烯锅炉水原间断排污为常压闪蒸，蒸汽排入大气，冷凝液排入地沟。2000年，通过技术改造，将原常压闪蒸罐拆除，重新设置一个压力闪蒸罐，提高蒸汽压力，使闪蒸出的蒸汽进入装置的蒸汽管网中；罐底的冷凝液因带压且温度高引至装置的伴热系统，回收热量后的冷凝液又可作为装置中循环水系统的补充水。不仅充分回收并利用了间断排污的热量和水资源，而且提高了水的重复利用率，取得了显著的经济效益。

第四章 污水适度处理回用

污水适度处理回用是指对含盐较低的达标污水进行再处理，使水质得到进一步改善，达到回用循环水对水质的要求，再与循环水处理技术结合，解决污水回用循环水系统运行过程带来的设备腐蚀、结垢和生物黏泥滋生等问题，满足生产装置长周期运行对水处理效果的要求。

第一节 适度改善水质技术

炼化企业生产过程产生大量的污水，水量一般占企业总取水量约 70%，水质差，处理后虽然达到国家排放标准，但不满足一般生产用水要求。采用污水处理技术处理，进一步将污染物去除，使水质达到特定生产工艺要求，替代新水回用到工业生产，不但可以使企业节约大量的新水，而且可以大幅减少污水外排，因而污水回用是企业实现节水减排的主要途径，在发达国家得到了广泛应用。

一、节水效益

污水回用带来的节水效益巨大，一方面可大幅减少企业取水，另一方面可大幅减少企业污水外排。如一个 1000 万吨级炼油厂，每年取水一般达到 $800\times10^4m^3$左右、外排污水一般在 $550\times10^4m^3$左右。如果将外排污水采用适当工艺进一步处理，使水质达到回用循环冷却水系统的要求，将循环冷却水系统使用的新水全部用回用污水替代，每年可以减少循环冷却水系统所消耗的约 $450\times10^4m^3$新水，同时减少 $450\times10^4m^3$污水外排，可使企业总取水量降低约 56%，外排污水减少约 82%。如果对污水采用深度处理工艺处理，生产准一级脱盐水，每年可以产生约 $400\times10^4m^3$ 准一级脱盐水，可使企业总取水降低 50%，外排污水减少约 73%，社会效益和环保效益巨大。

随着水价和污水处理费用的不断提高，炼化企业取水和排污费用呈明显增加趋势，实施污水回用可以大幅降低企业取水费和排污费。如当前多数地区的取水和排污费从 2 元/m^3 提高到了约 4 元/m^3，对一个 1000 万吨级炼油厂，实施污水回用每年可以减少取水费和排污费约 1800 万元。如果回用污水采用适度处理工艺，处理成本一般约 1 元/m^3，扣除该成本后，企业每年可获得经济效益约 1350 万元。

因此，炼化企业将外排污水进一步处理回用，不仅可产生巨大的社会效益和环境效益，而且可获得良好的经济效益。特别是对缺水地区的企业，可有效缓解因水资源不足制约企业生产和发展的难题。

二、水质要求

炼化企业生产工艺各种各样，不同工艺对使用的水质要求差别很大，一些工艺过程对使用的水质要求十分严格，如耗水第一大用户——锅炉系统，要求使用不含杂质的化学水，其水质接近纯水标准，因此需要对污水进行深度处理和脱盐，将水中的污染物和含盐全部脱除，水质才能满足要求。一些用户对使用的水质要求较低，如耗水第二大用户——循环冷却水系统，允许水中含有一定浓度的盐和污染物，外排污水经过适度处理，水质即可满足要求。还有一些生产工艺，对使用的水质要求更宽，只对水中特定的污染物有要求，污水一般只需经过特定处理就能满足要求，如用于原油电脱盐的洗涤水，对水中含盐要求较高，但对有机物或石油烃基本没有要求。因此，污水回用应根据用户对水质的具体要求确定对污水的处理深度。

三、技术原理

炼化企业的外排污水与同源新水相比，最大不同是水中污染物浓度如 *COD*、*BOD*、氨氮、悬浮物等较新水高约十几倍甚至是几十倍，需要进一步处理，水质才能满足生产要求；对使用高硬度碱度水源水质，或含盐较高的水源水质，不仅污染物浓度高，而且含盐也较高，需要将污染物和含盐进一步降低，水质才能满足回用要求。

1. *BOD* 去除原理

外排污水中常常含有一定浓度的 *BOD*，一般采用最有效且最经济的生化方法进行处理，利用好氧性微生物在好氧环境中对有机物的代谢作用，将其分解为二氧化碳和水，从而将其从水中去除。该方法一般可将污水中 BOD_5 降低到 10mg/L 以下，具有优异的技术经济性。

(1) 微生物在污水生物处理中的三个主要作用

① 去除溶解性有机物，将其转化成二氧化碳和水；

② 絮凝沉淀和降解胶体状固体物，某些难降解颗粒或胶体状有机物，可以通过微生物产生的胞外多聚物等具有絮凝效果的物质发生沉淀，与剩余污泥一同被排出系统；或通过吸附较长期地滞留在系统内而被缓慢降解；

③ 稳定有机物，某些有毒有害难降解有机物可以被微生物初步分解或部分降解，减轻毒性或得到部分稳定，或最终被完全转化为无机物而得到稳定。

(2) 污水生物处理过程微生物的代谢过程

污水生物处理过程中微生物的代谢过程如图 4-1 所示。一部分有机物通过微生物作用发生氧化分解，产生二氧化碳和水；另一部分有机物通过微生物作用合成新的细胞物质，再进一步分解为二氧化碳、水和生物残渣。

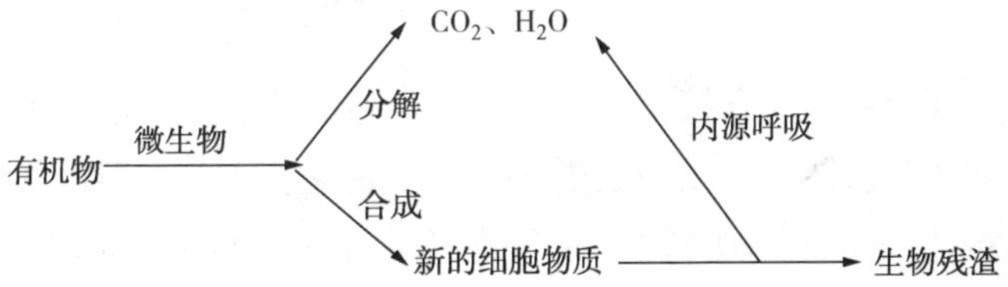

图 4-1　污水生物处理微生物代谢过程示意图

微生物代谢包括以下几种主要类型：

① 化能异养型代谢：在污水生物处理中最主要的代谢形式，主要用于对污水中有机物的去除，包括主要的好氧细菌和厌氧细菌。

② 化能自养型代谢：也是污水生物处理中常见的一种代谢形式，主要包括硝化细菌(将氨氮氧化为亚硝酸盐，或进一步氧化为硝酸盐)、氢细菌(对其的应用还处在研究阶段)、铁细菌等。

③ 光合异养型代谢：利用光合细菌以高浓度有机污水为基质生产菌体蛋白。

④ 光合自养型代谢：在污水生物处理中少有应用。

(3) 微生物代谢的基本要素

① 能源：化学能或光能——化能营养型、光能营养型。

② 碳源：有机碳或无机碳——异养型、自养型。

③ 无机营养元素又分为宏量元素和微量元素，如 N、P、S、K、Ca、Mg 等为宏量元素，在处理工业污水时，N、P 元素与所需要去除的有机污染物之间的营养平衡问题有时会很关键，必要时就需要在代谢过程中投加一定量的

N、P；如 Fe、Co、Ni、Mo 等为微量元素，微量元素对于某些特殊的细菌如产甲烷细菌等的生长十分重要，因此在设计和运行厌氧生物反应器时，应给予足够的重视，否则会出现所谓的“微量元素缺乏症”。

④ 特殊有机营养物(也称生长因子，如维生素、生物素等)：对于某些特殊细菌，某些特殊的维生素对其生长的影响会很大，因此，在必要时应考虑补充。

2. *COD* 去除原理

在 GB 31570—2015《石油炼制工业污染物排放标准》标准实施前，外排污水中 *COD* 浓度一般在 80mg/L 左右，超过一般的回用指标要求，需要进一步处理。对生化性较好的外排污水，如 BOD_5/COD 比值达到 0.3 左右的外排污水，可采用好氧生化方法进行处理，利用好氧性微生物在好氧环境中将其彻底转化为二氧化碳和水，从而将 *COD* 从水中去除，将 *COD* 降低到 50mg/L 以下。

对生化性差的 *COD*，直接采用生化方法的处理效果较差，处理后的水中 *COD* 难以满足回用要求，需要首先采用高级氧化方法，利用高级氧化剂的强氧化作用，将难生化的 *COD* 转化为小分子含氧化合物，提高 *COD* 的可生化性；再采用好氧生化方法进行处理，从而将 *COD* 从污水中去除，一般可将 *COD* 降低到 30mg/L 左右。

在高级氧化过程中，产生氧化性极强的羟基自由基(HO·)，HO·再与污水中的有机物作用发生氧化反应，将有机物彻底氧化为二氧化碳和水，或部分氧化为含氧小分子有机物。所使用的高级氧化剂包括过氧化氢、臭氧、芬顿试剂、光化学催化等类型。

高级氧化过程产生的 HO·与有机物发生反应，生成有机自由基(R·)，R·可以继续参加 HO·的链式反应，或者通过生成有机过氧化自由基，进一步发生氧化分解反应直至将有机物降解为最终产物二氧化碳和水，从而达到氧化分解有机物的目的。

高级氧化法具有以下特点：

① 产生大量非常活泼的 HO·，其氧化能力(氧化电位 2.80eV)仅次于氟(氧化电位 2.87eV)，它作为反应的中间产物，可诱发后面的链反应。HO·与不同有机物质的反应，速率常数相差很小，当水中存在多种污染物时，不会出现一种物质得到降解而另一种物质基本不变的情况。

② HO·无选择地直接与污水中的有机污染物反应，将其降解为二氧化碳、水和无害物，一般不产生二次污染。

③ 普通化学氧化法由于氧化能力较弱，反应选择性等原因、往往不能直接完全去除有机物降低 *TOC* 和 *COD*，而高级氧化法则基本不存在这个问题，氧化过程中的中间产物均可以继续同 HO·反应，直至最后完全被氧化成二氧化碳和水，从而达到彻底去除 *TOC*、*COD* 的目的。

④ 同普通的化学氧化法相比，高级氧化法的反应速度很快，一般反应速率常数大于 $10^9 mol/Ls^{-1}$，可在很短时间内达到处理要求；既可独立使用，又可与其他处理方法组合使用，如作为生化处理的预处理，可提高污水的可生化性，从而提高生化效果。

3. 氨氮去除原理

经过污水处理系统处理的外排污水，一般还含有一定浓度的氨氮，不满足直接回用要求。对含氨浓度较低的污水，利用硝化菌和反硝化菌的特殊代谢作用，可以有效将氨氮转化为氮气，实现从污水中彻底去除。硝化菌在好氧环境中，对氨氮具有特殊的代谢作用，使氨氮转化为高价态的硝态氮；反硝化菌在缺氧环境中，对硝态氮具有特殊的代谢作用，将其转化为氮气，从而将氨氮彻底脱除。

污水中的氮主要以氨氮和有机氮的形式存在，通常没有或只有少量亚硝酸盐和硝酸盐形式的氮。污水生物处理脱氮主要是由一些专性细菌实现氮形式的转化，经过氨化、硝化、反硝化过程，氮最终转化为无害的氮气从污水中去除，过程如图 4-2 所示。

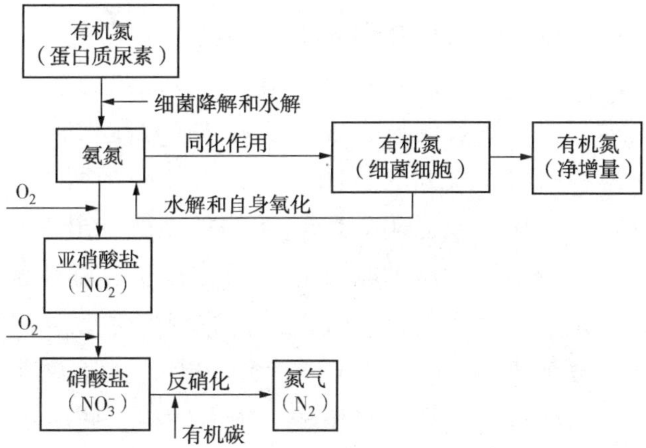

图 4-2 污水生物脱氮过程示意图

硝化菌将氨氮转化为硝酸盐的过程称为硝化过程，过程包括亚硝酸盐化和硝酸盐化两步，分别由两类微生物——亚硝酸盐菌和硝酸盐菌完成，这两类细菌统称为硝化菌。第一步由亚硝酸盐菌把氨氮转化为亚硝酸盐，第二步由硝酸盐菌把亚硝酸盐转化为硝酸盐，这两个反应过程都释放能量，硝化菌利用这些能量合成新细胞体和维持正常的生命活动。

反硝化过程是反硝化菌异化硝酸盐的过程，即由硝化菌产生的硝酸盐和亚硝酸盐在反硝化菌的作用下，被还原为氮气从水中逸出的过程。反硝化过程也分为两步进行，第一步由硝酸盐转化为亚硝酸盐，第二步由亚硝酸盐转化为一氧化氮、氧化二氮和氮气。同时反硝化菌利用含碳有机物和部分硝酸盐转化为氨氮用于细胞合成，该碳源既可以是污水中的有机碳或细胞体内源碳，也可以外部投加。

4. 悬浮物去除原理

污水中的悬浮物成分十分复杂，既有有机悬浮物，还有无机悬浮物。由于粒径小，因而具有较大的比表面积，影响水质特性，一般采用过滤方法进行处理。

常用的滤池过滤包括以下两个过程：

(1) 机械隔滤作用。滤料层是由大小不同的滤料颗粒组成，其间有很多孔隙，好像一个“筛子”，当污水通过滤料时，比孔隙大的悬浮颗粒首先被截留在孔隙中，于是滤料颗粒间孔隙越来越小，以后进入的较小悬浮颗粒也相继被截留下来，使污水得到净化。

(2) 吸附、接触凝聚作用。污水通过滤料层的过程中，要经过弯弯曲曲的水流孔道，悬浮颗粒与滤料的接触机会很多，在接触的时候，由于相互分子间作用力结果，出现吸附和接触凝聚作用，尤其是过滤前投加了絮凝剂时，接触凝聚作用更为突出。滤料颗粒越小，吸附和接触凝聚的效果也越好。

当污水进入滤料层时，较大的悬浮物颗粒自然被截留下来，而较微细的悬浮颗粒则通过与滤料颗粒或已附着的悬浮颗粒接触，出现吸附和凝聚而被截留下来。一些附着不牢的被截留物质在水流作用下，随水流到下一层滤料中去。或者由于滤料颗粒表面吸附量过大，孔隙变得更小，于是水流速增大，在水流的冲刷下，被截留物也能被带到下一层，因此，随着过滤时间的增长，滤层深处被截留的物质也多起来，甚至随水带出滤层，使出水水质变坏。

由于滤层经反冲洗水水力分选后上层滤料颗粒小，接触凝聚和吸附效率也高，加上一部分机械截留作用，使大部分悬浮物截留在滤料表面一个厚度不大的滤层内进行，下层所截留的悬浮物量较少，形成滤层中所截留悬浮物的分布不均匀。

第二节　稳定循环水质技术

一、外排污水适度处理回用

外排污水适度处理回用一般指经过常规方法处理达到了国家外排标准的污水再经过适当处理，使污水中的*COD*、悬浮物等主要污染物进一步降低，使水质满足回用循环冷却水系统等对水质要求较低的用户要求，同时解决这种污水因水质较差在使用过程带来的设备腐蚀等问题而进行的污水回用，主要工艺流程如下：

1. 达到国家新标要求的外排污水

国家污水排放新标（GB 31570—2015）水质与回用循环冷却水系统标准要求的水质基本接近，采用如下工艺流程进行处理，可以实现外排污水回用循环冷却水系统：

达标外排污水→高级氧化→过滤→循环冷却水处理

对达到国家新标要求的外排污水适度处理回用工艺的流程很短，外排污水首先经高级氧化技术处理，杀灭微生物和病毒、除色和消除异味；再经过滤器过滤，去除悬浮物，降低浊度；进入循环冷却水系统采用针对污水特性开发的水处理剂进行处理，用以控制循环冷却水运行过程的设备腐蚀、结垢和生物黏泥滋生等，使循环冷却水处理效果满足生产装置长周期运行要求；循环冷却水系统的排污水进行达标处理后外排。

该工艺流程的核心技术是针对回用污水特性所采用的循环冷却水处理技术，有效解决因水质较差在循环冷却水运行过程出现的设备腐蚀、结垢和生物黏泥滋生等水质问题。

2. 达到国家旧标要求的外排污水

国家污水排放旧标（GB 20950—2007）水质与回用循环冷却水系统标准要求存在一定的差距，如*COD*，污水排放标准要求小于100mg/L，而回用循环冷却水标准要求小于60mg/L，因此，需要进一步降低*COD*等污染物，一般采用如下适度处理工艺流程进行处理：

达标外排污水→BAF→高级氧化→过滤→循环冷却水处理

对达到国家旧标要求的外排污水适度处理工艺的流程也很短，外排污水首先进行曝气生物滤池（BAF）处理，降低*COD*、*BOD*和氨氮等污染物；再采用高级氧化技术处理，进一步降低*COD*和氨氮，同时杀灭微生物和病毒、除色和消除异味；再经过滤器过滤，去除悬浮物和降低浊度；进入循环冷却水系统后，采用针对污水特性开发的水处理剂进行处理，用以控制循环冷却水运行过程的设备腐蚀、结垢和生物黏泥滋生等，使循环冷却水处理效果满足生产装置长周期运行要求；循环冷却水系统的排污水进行达标处理后外排。

该工艺流程的核心技术也是针对回用污水特性所采用的循环冷却水处理技术，能够有效解决因水质较差在循环冷却水运行过程出现的设备腐蚀、结垢和生物黏泥滋生等水质问题。

二、水质稳定技术

1. 缓蚀

金属表面在微观上很不均匀，当它与水介质接触时，形成许多微小的腐蚀电池(简称微电池)，其中活泼部位成为阳极，不活泼部位成为阴极。金属在阳极发生氧化反应，释放出电子，自身被氧化成高价态的金属离子从金属基体上溶解到水中。反应如下：

$$Fe \longrightarrow Fe^{2+}+2e$$

溶解氧或氢离子在阴极发生还原反应，得到电子，自身被还原成低价态的离子或分子。在中碱性冷却水中，主要发生溶解氧被还原反应，反应如下：

$$1/2O_2+H_2O+2e \longrightarrow 2OH^-$$

当亚铁离子与氢氧根相遇时，生成氢氧化铁沉淀，反应式如下：

$$Fe^{2+}+2OH^- \longrightarrow Fe(OH)_2\downarrow$$

氢氧化铁的产生即是腐蚀的开始，金属离子在阳极进入水溶液及其水化的过程，称为阳极过程。而水中的溶解氧和氢离子在阴极不断获得电子被还原的过程，称为阴极过程。如果没有阴极过程，阳极过程就不能进行；反之，没有阳极过程，阴极过程也不能进行。因此，只有当阳极过程和阴极过程同时存在并进行时，腐蚀才能发生。

有机磷/锌复合剂是一类阴极型缓蚀剂，在电极阴极形成沉积型保护膜，抑制电极阴极过程，从而使阳极腐蚀溶解得到抑制，起到缓蚀作用。

2. 阻垢分散

冷却水中溶解有各种盐类，如碳酸盐、碳酸氢盐、硫酸盐、硅酸盐、磷酸盐和氯化物等，它们的一价金属盐的溶解度很大，一般难以从冷却水中结晶析出，但它们的两价金属盐(氯化物除外)的溶解度很小，并且是负的温度系数，随浓度和温度的升高很容易形成难溶性结晶从水中析出，附着在水冷器传热面上成为水垢。如冷却水中的碳酸氢根离子浓度较高，当冷却水经过水冷器的换热面时，受热发生分解，发生如下反应：

$$Ca(HCO_3)_2 \longrightarrow CaCO_3\downarrow+H_2O+CO_2\uparrow$$

当冷却水通过冷却塔时，溶解于水中的二氧化碳逸出，水的 pH 值升高，碳酸氢钙在碱性条件下发生如下反应：

$$Ca(HCO_3)_2+2OH^- \longrightarrow CaCO_3\downarrow+2H_2O+CO_3^{2-}$$

难溶性碳酸钙可以是无定型碳酸钙、六水碳酸钙、一水碳酸钙、六方碳酸钙、文石和方解石。方解石属三方晶系，是热力学最稳定的碳酸钙晶型，也是各种碳酸钙晶型在水中转变的终态产物。

当冷却水中有适量磷酸根离子时，发生如下反应：

$$Ca^{2+}+PO_4^{3-} \longrightarrow Ca_3(PO_4)_2\downarrow$$

磷酸钙晶型的种类比碳酸钙复杂得多，钙离子可以和磷酸根、磷酸氢根、磷酸二氢根形成不同类型的磷酸盐，构成一个十分复杂的磷酸钙家族，包括无定型磷酸钙、二水合磷酸氢钙、磷酸氢钙、磷酸三钙、磷酸八钙、羟基磷灰石。羟基磷灰石属六方晶系，是热力学最稳定的磷酸钙晶型，也是各种磷酸钙晶型在水中转变的终态产物。

对碳酸钙形成过程深入研究发现，碳酸钙晶体生长的原动力是溶液的过饱和度。过饱和的溶液处在一种亚稳状态，有形成晶体使自己的总吉布斯自由能降低的趋势。当最初形成的晶核半径超过临界晶核半径时，体系总自由能随晶体半径的增加而降低，晶体自发长大。

磷酸钙垢生长与碳酸钙垢不同，磷酸钙的溶度积较碳酸钙小得多，磷酸钙晶体很容易形成和析出，析出的小晶体在静电作用下聚集长大。

水处理阻垢分散剂具有如下作用：

① 螯合增溶作用：阻垢分散剂与水中钙镁等金属离子螯合，形成结构稳定的五元或六元螯合环，使水中自由的钙镁等金属离子浓度降低，形成难溶盐的趋势减小，从而起到防垢作用。

② 晶格畸变作用：阻垢分散剂与晶体生长面发生作用，阻止难溶盐微晶在活性生长点上生长，阻垢分散剂镶嵌在晶格中，增加晶体的张力，使晶格畸变而处在不稳定状态，从而抑制晶体的继续生长。它是非化学计量进行的，往往很低剂量的阻垢分散剂可以抑制高浓度的难溶盐形成水垢，如多数有机磷酸盐等。

③ 分散作用：带电荷的高分子聚合物容易与悬浮颗粒物发生静电作用而吸附于颗粒表面，形成双电层，增加颗粒之间的静电斥力，避免颗粒之间碰撞聚集形成沉积物，从而起到防垢作用。它也是非化学计量进行的，往往很低剂量的高分子聚合物可以抑制高浓度的难溶盐或悬浮颗粒物形成水垢，如多元羧酸共聚物等。

④ 溶限效应：溶限效应又称低剂量效应或阈值效应，它是指很低浓度的

阻垢分散剂可以阻止很高浓度的难溶盐离子形成晶体而析出，当阻垢分散剂增加到一定浓度后，阻垢效果不再随阻垢分散剂浓度增加而增加，大多数阻垢分散剂具有溶限效应。正是上述作用使复合剂具有优良的阻垢分散效果。

3. 杀菌

冷却水中丰富的营养物质，适宜的温度、阳光和 pH 值，充足的溶解氧，或黏泥下面贫氧，给微生物生长和繁殖提供了有利的条件，生长和繁殖迅速，导致大量的生物黏泥滋生，从而严重影响生产装置的正常运行。因此，必须进行有效控制。

杀菌剂对微生物的杀灭作用非常复杂，一般认为具有如下主要作用：

① 抑制细胞壁的合成：细菌的细胞壁具有抵抗外部机械压力和细胞内外渗透压的作用，杀菌剂抑制细胞壁的合成，从而导致细胞的破裂而死亡。

② 改变细胞膜性质：细胞壁有半渗透性，起生活细胞内外物质交换作用，若改变其性质，使代谢活动受阻。杀菌剂吸附在细胞膜上，引起细胞膜的物理化学性质发生变化，干扰正常代谢，使细菌中毒，导致细胞死亡。

③ 破坏呼吸作用：呼吸作用就是分解代谢，包括一系列的氧化还原反应。这个过程有多种酶参加，如果破坏呼吸链中的任何一环，或和任何一种酶起反应，就可使整个呼吸过程停止。

④ 破坏合成代谢：生命活动需要进行生物合成，如果破坏合成过程中的任何一个环节，都会使蛋白质等物质的合成受到抑制。一些有毒物质的结构与合成过程所需要的物质相似，它被吸收后，合成出来的是无生理功能的有害物质。

⑤ 破坏营养物质：有些物质能与合成过程需要的氨基酸起反应，从而使微生物失去营养源。与细胞组成物的作用：微生物细胞主要有蛋白质、脂肪、核酸等组成，这些物质多数含有羟基、巯基、氨基、羧基等活性官能团，杀菌剂常与这些基团反应，破坏细胞组成物。

⑥ 破坏酶系统：酶是一种具有特殊催化能量的蛋白质，是由活性细胞产生的生物催化剂。杀菌剂一方面与酶起反应，使其变性失活；另一方面刺激某些酶，使其活性提高，使菌体的正常代谢紊乱，从而杀死微生物。

4. 清洗

水冷器在运行过程，换热面常常附着水垢，不但降低换热效果，而且引起水冷器换热管垢下腐蚀，导致使用寿命大大缩短，因此，需要对水冷器进行清洗。根据大量研究，水冷器表面附着的水垢成分较复杂，包括难溶盐、腐蚀产物、生物黏泥、石油类等。一些水垢是其中一类，但多数情况包含两类或多类，需要对水垢成分进行分析，才能确定形成的水垢成分和性质。

① 难溶盐。难溶盐溶解度具有负的温度系数，即溶解度随温度升高而降低，因此，常常易在水冷器换热面上形成附着。对大多数无机难溶盐，可在一定浓度的酸性介质或螯合剂介质中溶解，循环水处理正是根据无机难溶盐的这种特性，采用酸或螯合剂作为清洗剂，实现对难溶盐的清洗，现场使用的清洗剂一般具有优异的清洗效果，可以将水冷器表面附着的难溶盐彻底清洗干净。

② 腐蚀产物。循环水系统的碳钢设备，发生腐蚀产生的氧化铁溶解度极小，常常附着在其腐蚀部位表面，腐蚀产物附着一方面导致局部腐蚀加速，影响设备的使用寿命；另一方面导致水冷器的换热效果大幅降低，影响工艺过程的正常进行。氧化铁在一定酸性或螯合剂介质中溶解，因此，在循环水处理中，清洗剂一般具有酸性或螯合性能，现场使用的清洗剂具有优异的清洗效果，可以将水冷器表面附着的腐蚀产物彻底清洗干净。

③ 生物黏泥。微生物代谢产生的大分子产物具有很强的黏附性能，且热阻很大，不但引起水冷器严重浓差局部腐蚀，而且导致水冷器的换热效果严重下降，需要对其严格控制。表面活性剂具有较好的清洗效果，可以将附着或沉积在设备表面的生物黏泥清洗干净。特别是新研发成功可降解生物黏泥的清洗剂，不但具有优异的清洗效果，而且可将其降解为水溶性小分子有机物，实现彻底清洗，并避免二次沉积。

④ 石油类。重质石油，特别是石油中的胶质沥青质，具有较强的黏附性，容易附着在设备表面，引起设备局部浓差腐蚀。表面活性剂和非极性溶剂对石油类物质具有优异的清洗作用，因此，一般采用表面活性剂或非极性溶剂作为清洗剂。

第三节　污水适度处理应用案例

我国炼油化工污水适度处理回用技术，于2000年进行工业化试验并取得成功，经过了20余年探索，技术逐步成熟，在一些大型炼化企业推广应用。

一、炼油达标外排污水适度处理回用

南方某大型炼油厂使用低硬度碱度水质，排污水量约 $100m^3/h$，采用常规“老三套”工艺进行处理，表4-1为处理后外排污水的主要水质。*COD*、氨氮等主要污染物浓度较低，分别为50.6mg/L和1.2mg/L，优于国家排放标准，基本达到回用循环冷却水系统要求；钙硬和碱度分别为37.6mg/L和

115.8mg/L，为低硬度碱度水质。针对这种水质特性开发循环冷却水系统处理配方和运行方案，使其实现外排污水适度处理回用循环冷却水运行。

表 4-1　某大型石化企业外排污水主要水质

指标名称	分析结果	指标名称	分析结果
COD/(mg/L)	50.6	总硬(以 $CaCO_3$计)/(mg/L)	74.0
氨氮/(mg/L)	1.2	总碱(以 $CaCO_3$计)/(mg/L)	115.8
SS/(mg/L)	70.0	Cl^-/(mg/L)	108.1
pH	7.56	SO_4^{2-}/(mg/L)	76.8
钙硬(以 $CaCO_3$计)/(mg/L)	37.6	*TDS*/(mg/L)	360.0

针对这种外排污水水质，采用如下工艺流程进行适度处理：

达标外排污水→高级氧化→过滤→循环冷却水处理

2000 年 8 月开始在一套炼油装置循环冷却水系统进行污水适度处理回用工业化试验，在 2000 年 12 月生产装置扩能改造前，该循环冷却水系统的循环水量为 5600m^3/h，给回水温差 5.5℃，补充水量约 60m^3/h；12 月扩容改造后循环水量增加到 7300m^3/h，给回水温差提高到 7.1℃，补充水量约 100m^3/h，表 4-2 为实施污水适度处理回用期间的污水回用、取水和排污水量统计。2000 年 8 月至 2001 年 4 月期间，回用污水量逐月增加、新水补充量逐月减少。试验进行到 2001 年 5 月，循环冷却水系统补充水全部用回用污水替代，不再补充新水。试验进行到 2002 年 5 月，连续运行 19 个月，累计回用外排污水达到 $72.4\times10^4m^3$、补充新水降低到 $33.2\times10^4m^3$，污水外排减少到 $24.1\times10^4m^3$。采用污水适度处理回用循环冷却水技术后，该企业在 19 个月工业化试验期间，累计节约新水和减少污水外排分别达到 $72.4\times10^4m^3$，取得了显著的节水减排效益和社会效益。

表 4-2　南方某大型炼油厂回用污水、取水和污水外排情况

运行日期	回用污水/m^3	补新水/m^3	外排污水/m^3
2000.07	0	47112	47835
2000.08	11937	52245	45957
2000.09	30850	24334	28214
2000.10	19922	32002	47776
2000.11	36771	13098	12286
2001.02	11180	39326	51980
2001.03	43828	17531	39821
2001.04	45031	9006	14697

续表

运行日期	回用污水/m^3	补新水/m^3	外排污水/m^3
2001. 05	48150	7206	0
2001. 06	41722	18508	0
2001. 07	39088	5602	0
2001. 08	48183	4853	0
2001. 10	10473	45779	0
2001. 11	47388	2335	0
2001. 12	47669	9013	0
2002. 01	49533	5566	0
2002. 02	44957	6763	0
2002. 03	49102	11766	0
2002. 04	45473	8860	0
2002. 05	52685	18642	0
合计	723942	332165	240731

循环冷却水系统在实施达标污水适度处理回用的 19 个月期间，现场监测的水处理效果见表 4-3。碳钢试管的平均腐蚀速率为 0. 053mm/a、黏附速率为 8. 62mg/(cm^2 · 月)，处理效果均优于中国石化循环冷却水系统使用新水的 0. 10mm/a 和 20mg/(cm^2 · 月)指标要求，完全满足生产装置的要求。

采用外排污水适度处理回用循环冷却水技术的运行成本合 1. 2 元/m^{3}污水，该成本包括污水的适度处理费和循环冷却水系统运行使用的水处理药剂费两部分，运行成本较低，与使用新水相比，企业可获得较好的经济效益。

表 4-3 外排污水回用期间循环水系统现场监测结果

运行日期	运行时间/d	试片腐蚀速率/(mm/a)	监测试管	
			腐蚀速率/(mm/a)	黏附速率/mg/(cm^2 · 月)
2000. 09	30	0. 0824	—	—
2000. 10	25	0. 0433	0. 1413	14. 57
2000. 11	27	0. 0375	0. 1018	9. 75
2001. 02	35	0. 0121	0. 0259	3. 20
2001. 03	32	0. 0174	0. 0280	4. 23
2001. 04	98	0. 0110	0. 0694	9. 24
2001. 05	29	0. 0146	0. 0407	5. 31
2001. 06	92	0. 0181	0. 0134	2. 54
2001. 07	63	0. 0221	0. 0243	6. 00

续表

运行日期	运行时间/d	试片腐蚀速率/(mm/a)	监测试管	
			腐蚀速率/(mm/a)	黏附速率/mg/(cm^2·月)
2001.08	41	—	0.0481	4.92
2001.08	232	0.0131	0.0217	3.61
2001.10	—	0.0006	—	—
2001.11	32	0.0089	0.0169	1.88
2001.12	28	0.0013	0.0796	13.65
2002.01	60/84	0.0015/0.0049	0.0341	10.67
2002.02	28/123	0.0070/0.0040	0.0242	12.96
2002.03	—	0.0013/0.0021	0.1010	15.29
2002.04	77/100	0.0010/0.0056	0.0765	18.76
2002.05	32	0.0050	0.0593	10.01
平均	—	0.0163	0.0533	8.62
中国石化考核指标			≤0.10	≤20.0

二、化工达标外排污水适度处理回用

南方某大型乙烯装置生产使用的新水为低硬度碱度地表水，设有四套循环冷却水系统，循环水总量 120000m^3/h；污水处理系统的设计处理能力 1500m^3/h，采用“老三套”工艺进行处理，外排污水主要水质见表 4-4。*COD* 波动较大，最低仅为 24mg/L，最高达到 127mg/L，平均 75.5mg/L。其他水质指标较好，达到国家排放标准要求。钙硬和碱度分别 24mg/L 和 53mg/L，为典型的低硬度碱度水质。电导率 660μS/cm，含盐中等水平。

表 4-4　南方某大型乙烯装置污水处理外排水质

项　目	数据	项　目	数据
pH	7.73	电导率/(μS/cm)	660
COD/(mg/L)	24~127	总碱度(以 $CaCO_3$ 计)/(mg/L)	53.0
BOD_5/(mg/L)	0~10	总硬度(以 $CaCO_3$ 计)/(mg/L)	74.0
氨氮/(mg/L)	<5	钙硬(以 $CaCO_3$ 计)/(mg/L)	24.0
悬浮物/(mg/L)	2~17	SO_4^{2-}/(mg/L)	113.3
浊度/NTU	2~24	Cl^-/(mg/L)	110.0

针对外排污水这种水质，采用的适度处理工艺流程如下：

达标外排污水→BAF→高级氧化→过滤→循环冷却水处理

外排污水经该工艺处理，出水水质见表4-5。外排污水经适度处理工艺处理后*COD*浓度大幅降低，从处理前的最大127mg/L降低到处理后的最大58.1mg/L，平均值从75.5mg/L降低到35.9mg/L，处理效果良好，指标达到了回用循环冷却水系统的要求。外排污水经适度处理工艺处理的其他各指标均全部满足回用循环冷却水系统要求。

表4-5 外排污水经适度处理装置处理出水水质

项　目	最大	最小	平均
COD_{Cr}/(mg/L)	58.1	20.1	35.9
BOD_5/(mg/L)	0.5	0.3	0.4
氨氮/(mg/L)	0.55	0.1	0.3
悬浮物/(mg/L)	15	7	8.6
浊度/(mg/L)	5	0.9	2.7
电导率/(μS/cm)	1400	667	929
pH	8.72	7.3	8.3
钙硬(以$CaCO_3$计)/(mg/L)	305	50.7	69
总碱(以$CaCO_3$计)/(mg/L)	117	31.1	76.3
Cl^-/(mg/L)	110	14.5	89.9
SO_4^{2-}/(mg/L)	205	85.5	157

针对经过适度处理工艺处理的污水特性，开发循环冷却水处理配方和运行方案，解决在循环冷却水运行过程出现的设备腐蚀、结垢和生物黏泥滋生问题，使其实现污水回用。

采用达标污水回用的两套循环冷却水系统主要工艺参数见表4-6。一循A循环冷却水量28000m^3/h，蒸发水量390m^3/h，排污水量110m^3/h，补充水量500m^3/h；四循A循环冷却水量45000m^3/h，蒸发水量700m^3/h，排污水量200m^3/h，补充水量900m^3/h。两个循环冷却水系统蒸发水、排污水和补充水总量分别为1090m^3/h、310m^3/h和1400m^3/h。

表4-6 污水回用的循环水系统参数

项　目	一循A系统	四循A系统
循环水量/(m^3/h)	28000	45000
保有水量/m^3	10000	15000
水温差/°C	8	10
蒸发量(计算值)/(m^3/h)	390	700
补充水量(计算值)/(m^3/h)	500	900
排污量(计算值)/(m^3/h)	110	200

2009年2月10日，首先在四循A系统进行污水回用，2009年3月17日开始在一循A系统进行污水回用。2009年3~9月现场监测结果见表4-7，一循A系统现场监测碳钢试管的最大、最小和平均腐蚀速率分布为0.0275mm/a、0.0093mm/a和0.0161mm/a，黏附速率分布为10.87mg/(cm^2·月)、5.01mg/(cm^2·月)和7.96mg/(cm^2·月)，最大腐蚀速率和黏附速率均优于中国石化标准限值；四循A系统现场监测碳钢试管的最大、最小和平均腐蚀速率分布为0.0490mm/a、0.0118mm/a和0.0284mm/a，黏附速率分布为21.4mg/(cm^2·月)、4.01mg/(cm^2·月)和8.98mg/(cm^2·月)，平均腐蚀速率和黏附速率均优于中国石化标准限值；满足生产装置长周期运行的要求。

表4-7 循环水系统进行污水回用后的监测数据(2009年)

运行时间	一循A		四循A	
	腐蚀速率/(mm/a)	黏附速率/[mg/(cm^2·月)]	腐蚀速率/(mm/a)	黏附速率/[mg/(cm^2·月)]
3月	—	—	0.0118	4.01
4月	—	—	0.0466	10.74
5月	0.0093	5.29	0.0240	21.40
6月	0.0275	8.48	0.0490	9.19
7月	0.0153	10.17	0.0395	10.11
8月	0.0142	10.87	0.0096	3.92
9月	0.0140	5.01	0.0180	4.48
平均	0.0161	7.96	0.0284	8.98
中国石化标准	≤0.075	15	0.075	15

达标污水适度处理回用循环冷却水系统技术的节水减排效果显著。一循A系统在4~9月份的6个月共回用污水量$94×10^4m^3$；四循A系统在3~9月份7个月共回用污水量$138×10^4m^3$，两个循环冷却水系统共回用污水$232×10^4m^3$，节约新水$232×10^4m^3$，减少污水外排$232×10^4m^3$。

采用达标外排污水适度处理回用循环冷却水系统技术，实际运行费用为1.08元/m^3。按照该企业使用的新水价1.5元/m^3、排污费为0.5元/m^3计，实现经济效益共213.44万元。

三、注意事项

由于污水水质与新水水质不同，在实施污水回用时，需要注意以下几个方面的事项：

（1）采用达标污水适度处理回用循环冷却水系统技术，需解决循环冷却水系统运行过程的设备腐蚀、结垢和生物黏泥问题，因此，针对污水特性开发适合循环冷却水处理配方和运行方案是该技术能否成功的关键。

（2）采用达标污水适度回用循环冷却水系统技术，需注意循环冷却水系统排污水导致污水含盐升高问题。污水回用循环冷却水系统后，循环冷却水系统排污水一般需返回到污水处理系统处理，这将导致污水含盐升高，具体影响分析如下：

假定条件：

① 原水盐浓度为 c_0 且基本稳定，在 t 时间的盐度为 c_t。

② 污水回用前进入污水处理系统的流量为 Q_0 且在回用后仍保持不变。

③ 外排污水回用于循环水系统流量为 Q_r。

④ 循环水系统的排污水返回到污水处理系统进行再处理。

根据盐量平衡得到外排污水含盐浓度随污水回用时间的变化关系：

$$c_t = (c'_0 \times Q_0 + c_{t-1} \times Q_r) \div (Q_0 + Q_r) \tag{4-1}$$

例如，原水含盐浓度 300mg/L，污水回用前污水处理系统的外排污水 800m³/h，回用污水量 600m³/h，外排污水量 200m³/h，循环冷却水系统浓缩倍数为 3，表 4-8 是循环冷却水系统不同排污水量返回污水处理系统对污水水质含盐浓度的影响情况。随循环冷却水系统排污水量返回污水系统的增加，污水中含盐浓度逐步增加。

表 4-8　外排污水回用量与盐浓度变化关系

回用时间/h	排污水含盐浓度/(mg/L)		
	循环水排污 50%返回	循环水排污 75%返回	循环水排污 100%返回
1	440.0	473.7	504.0
2	466.6	527.5	590.4
3	475.6	553.0	642.2
4	478.5	565.1	673.3
5	479.5	570.8	692.0
6	479.8	573.6	703.2
7	479.9	574.8	709.0
8	480.0	575.5	714.0
9	480.0	575.7	716.4
10	480.0	575.9	717.0

当循环冷却水系统50%的排污水返回到污水处理系统，经过8h运行，污水含盐浓度达到稳定，此时污水稳定的含盐浓度上升到480mg/L，较初始含盐浓度升高61%。

当循环冷却水系统75%的排污水返回污水处理系统，经过约10h运行，污水含盐浓度达到稳定，此时污水稳定的含盐浓度上升到575.9mg/L，较初始含盐浓度升高92%。

当循环冷却水系统全部的排污水返回污水处理系统，经过约10h运行，污水含盐浓度达到稳定，此时污水稳定的含盐浓度上升到717mg/L，较初始含盐浓度升高139%。

（3）需要注意达标污水水质和水量的不稳定特征，避免波动状态对污水回用装置运行的影响。

第五章 污水深度处理利用

污水深度处理利用是指对含盐较高的达标污水进行处理，将其污染物浓度降低到反渗透膜对水质要求，再使用反渗透膜进行脱盐，生产准一级脱盐水的过程。

第一节 污水预处理技术

达到国家排放标准要求的污水，水中污染物浓度仍然较高，特别是*COD*，不满足反渗透膜对进水水质要求，需要进一步处理。随着对反渗透脱盐技术认识的深入，现已开发比较成熟和有效的预处理工艺。

一、臭氧氧化

污水经过二级生化处理，水中可生化的*COD*基本被去除，残留的*COD*可生化很差，*B/C*比值一般小于0.1，再直接用生化方法处理对*COD*的去除效果很差。大量研究表明，采用催化氧化处理，既可以去除部分*COD*，又可以提高污水的*B/C*比值，改善污水可生化特性。

臭氧是一种强氧化剂，氧化能力仅次于氟、·OH和O(原子氧)，其氧化能力是单质氯的1.52倍，被广泛应用于污水处理。

1783年M. 范马伦发现臭氧，1886年法国的M. 梅里唐发现臭氧有杀菌性能，1891年德国的西门子和哈尔斯克用放电原理制成臭氧发生装置，1908年在法国尼斯分别建造了用臭氧消毒自来水的试验装置。20世纪50年代臭氧氧化法开始用于城市污水和工业污水处理，70年代臭氧氧化法和活性炭等处理技术相结合，成为污水高级处理和饮用水除去化学污染物的主要手段之一。

用臭氧氧化法处理污水所使用的是含低浓度臭氧的空气或氧气。臭氧是一种不稳定、易分解的强氧化剂，因此要现场制造。臭氧氧化法水处理的工艺设施主要由臭氧发生器和气水接触设备组成。大规模生产臭氧的唯一方法是无声放电法。制造臭氧的原料气是空气或氧气。原料气必须经过除油、除湿、除尘等净化处理，否则影响臭氧产率和设备的正常使用。用空气制成臭氧的浓度一般为10~20mg/L，用氧气制成臭氧的浓度为20~40mg/L。这种含有1%~4%(质量比)臭氧的空气或氧气就是水处理时所使用的臭氧化气。

臭氧发生器所产生的臭氧，通过气水接触设备扩散于待处理水中，通常是采用微孔扩散器、鼓泡塔或喷射器、涡轮混合器等。臭氧的利用率要力求达到90%以上，剩余臭氧随尾气外排，为避免污染空气，尾气可用活性炭或霍加拉特剂催化分解，也可用催化燃烧法使臭氧分解。臭氧氧化法主要用于：

① 水的消毒。臭氧是一种广谱速效杀菌剂，对各种致病菌及抵抗力较强的芽孢、病毒等都有比氯更好的杀灭效果，水经过臭氧消毒后，水的浊度、色度等物理、化学性状都有明显改善，化学需氧量(*COD*)一般能减少50%~70%。用臭氧氧化处理法还可以去除苯并(a)芘等致癌物质。

② 去除水中酚、氰等污染物质。用臭氧法处理含酚、氰污水实际需要的臭氧量和反应速度，与水中所含硫化物等污染物的量和水的pH有关，因此应进行必要的预处理。把水中的酚氧化成为二氧化碳和水，臭氧需要量在理论上是酚含量的7.14倍。用臭氧氧化氰化物，第一步把氰化物氧化成微毒的氰酸盐，臭氧需要量在理论上是氰含量的1.84倍，第二步把氰酸盐氧化为二氧化碳和氮，臭氧需要量在理论上是氰含量的4.61倍。臭氧氧化法通常是与活性污泥法联合使用，先用活性污泥法去除大部分酚、氰等污染物，然后用臭氧氧化法处理。此外，臭氧还可分解污水中的烷基苯磺酸钠(ABS)、蛋白质、氨基酸、有机胺、木质素、腐殖质、杂环状化合物及链式不饱和化合物等污染物。

③ 水的脱色。印染、染料污水可用臭氧氧化法脱色。这类污水中往往含有重氮、偶氮或带苯环的环状化合物等发色基团，臭氧氧化能使染料发色基团的双价键断裂，同时破坏构成发色基团的苯、萘、蒽等环状化合物，从而使污水脱色。臭氧对亲水性染料脱色速度快、效果好，但对疏水性染料脱色速度慢、效果较差。含亲水性染料的污水，一般用臭氧20~50mg/L，处理10~30min，可达到95%以上的脱色效果。

④ 除去水中铁、锰等金属离子。铁、锰等金属离子，通过臭氧氧化，可成为金属氧化物而从水中离析出来。理论上臭氧耗量是铁离子含量的0.43倍，是锰离子含量的0.87倍。

⑤ 除异味和臭味。地面水和工业循环用水中异味和臭味，是放线菌、霉菌和水藻的分解产物及醇、酚、苯等污染物产生的。臭氧可氧化分解这些污染物，消除使人厌恶的异味和臭味。同时，臭氧可用于污水处理厂和污泥、垃圾处理厂的除臭。

臭氧氧化法的主要优点是反应迅速、流程简单、没有二次污染问题。不过生产臭氧的电耗仍然较高，每千克臭氧约耗电20~35kW · h，需要继续改进生产，降低电耗，同时需要加强对气水接触方式和接触设备的研究，提高臭氧的利用率。

臭氧用于污水处理，机理上分为直接氧化和间接氧化。

① 直接氧化反应

臭氧与水中有机污染物之间的直接氧化反应，可以分两种方式：

a. 亲电取代反应。亲电取代反应主要发生在分子结构中电子云密度较大的位置。在带有—OH、—CH_3、—NH_2等结构的*COD*，如苯环中邻、对位上碳原子的电子云密度较大，这些位置上的碳原子易与臭氧发生亲电取代反应。

b. 偶极加成反应。由于臭氧分子具有偶极结构(偶极距约为0.55D)，所以臭氧分子与含不饱和键的抗生素分子相互作用时，可进行偶极加成反应。一般而言，臭氧的直接氧化反应速率较慢，而且反应具有选择性，所以其降解有机污染物的效率较低。

② 自由基间接氧化反应

a. 自由基间接氧化降解按反应过程可以粗略分为两个阶段：第一阶段为臭氧的自身分解产生自由基。当溶液中存在引发剂如OH^-等时可以明显加快臭氧分解产生自由基的速度。在第二阶段中，· OH与有机分子中的活泼结构单元(如苯环、—OH、—NH_2等)发生反应，并引发自由基链反应。随着反应的进行，有机分子结构被氧化破裂，分解转化为小分子有机物，如甲酸、乙酸等，或进一步将这些有机小分子完全矿化[以总有机碳(*TOC*)为测试指标]为CO_2和H_2O，从而达到降低出水中*COD*和提高处理后污水的生物可降解性的目的。

b. · OH自由基的反应选择性很小，当水中存在多种污染物质时，不会出现一种物质得到降解而另一种物质浓度基本不变的情况。

二、曝气生物滤池

曝气生物滤池(BAF)按水流方向分上向流和下向流，下向流曝气生物滤池在进水的同时，采用水气逆向的工艺路线，使介质表面形成生物膜，污水流过滤床时，污染物首先被过滤和吸附，作为“倍加清”专性降解菌的营养基质，加速降解菌形成生物膜，生物膜又进一步“俘获”基质，将其同化、代谢、降解。生物滤池可以在降解有机物的同时，具有生物絮凝和吸附过滤的作用。而且由于生物膜附着在滤料上，活性很高，生物膜不受泥龄限制，对于污染物的降解十分有利，随着处理过程的进行，在滤料缝隙间的悬浮状活性污泥在滤料缝隙间形成了污泥滤层，在氧化降解污水中有机物的同时，起到了进一步吸附过滤作用，从而能使有机物及悬浮物均能得到比较彻底的清除。

在反应器上部，异养型微生物为优势菌，碳源污染物(*COD*、*BOD* 和 *SS*)主要在这里被去除。在反应器下部，自养型细菌(如消化菌)占优势，氨氮被消化。在生物膜内部以及部分填料之间的缝隙，蓄积的大量的活性污泥中存在着兼性微生物，因此在 BAF 中可发生碳源污染物的去除，同时有消化和反消化的功能。

在滤池运行过程中，随着生物膜的新陈代谢，脱落的生物膜及填料上截留的杂质不断增加，滤料中水头损失增大，水位上升，到一定时期，需对滤料进行反冲洗。BAF 曝气生物滤池以其监测池出水作为反冲洗用水，不另设反冲洗水池，反冲洗污水进入污水调节池或反洗污水池。

一般来说，曝气生物滤池具有以下特征：

① 用粒状填料作为生物载体，如陶粒、焦炭、石英砂、活性炭、火山岩等。

② 与一般生物滤池及生物滤塔不同，除 *BOD*、氨氮时需进行曝气。

③ 高水力负荷、高容积负荷及高的生物膜活性。

④ 具有生物氧化降解和截留 *SS* 的双重功能，生物处理单元之后不需再设二次沉淀池。

⑤ 需定期进行反冲洗，清洗滤池中截留 *SS* 以及更新生物膜。

三、过滤

流砂过滤器是一种新型过滤器，是移动床向上流连续过滤器的简称。流砂过滤器与以往的固定床过滤器不同，无须每天停机 1~2 次，用大功率反冲洗水泵进行反冲，以清除截流在滤床上的杂质。原水由过滤器底部进入滤床，并向上流与滤床充分接触。所含悬浮物被截留在滤床上，清水由顶部的出水堰溢流排放。截留污染物的石英砂通过底部的提砂装置提升到顶部的洗砂装置中进行清洗。由于空气、水、砂子在提砂管内剧烈摩擦作用，砂子截留的杂物被洗脱。洗净后的砂在洗砂器中因重力自上而下重新回到滤床中，洗砂水则通过单独的管路排放，完成整个过程。

第二节　污水脱盐技术

一、离子交换脱盐

新水在使用过程，由于蒸发和工艺过程引入等原因，炼油化工污水含盐一般较使用的新水高，特别是使用含盐较高的新水，污水含盐更高，一般需要进行脱盐，水质才能满足回用要求。采用离子交换脱盐是一种经典的除盐方法，由于其脱盐效果好、成本低、操作简单、管理方便等优势，因而得到了广泛应用。

离子交换脱盐过程可以看作是固相的离子交换树脂与液相(污水)中电解质之间的化学置换反应，其反应一般都是可逆的。

阳离子交换过程可用下式表示：

$$R^-A^+ + B^+ \rightleftharpoons R^-B^+ + A^+$$

阴离子交换过程可用下式表示：

$$R^-C^- + D^- \rightleftharpoons R + D^- + C^-$$

式中　R——树脂本体；

A、C——树脂上可被交换的离子；

B、D——溶液中的交换离子。

离子交换脱盐通常分为以下五个过程：

① 交换离子从溶液中扩散到树脂颗粒表面。

② 交换离子在树脂颗粒内部扩散。

③ 交换离子与结合在树脂活性基团上的可交换离子发生交换反应。

④ 被交换下来的离子在树脂颗粒内部扩散。

⑤ 被交换下来的离子在溶液中扩散。

离子交换反应速度很快，扩散速度是离子交换速度的控制步骤。

当离子交换树脂的吸附达到饱和时，通入某种高浓度电解质溶液，将被吸附的离子交换下来，使树脂得到再生。

二、反渗透脱盐

反渗透技术因具有脱盐效率高、适应高含盐水质、过程绿色等方面的优势在海水淡化、污水脱盐等领域得到了广泛应用。

只允许溶剂通过而不允许溶质通过的现象叫渗透，产生这种现象的膜叫半渗透膜。使用这种半渗透膜将盐水和淡水或两种浓度不同的溶液隔开

(图 5-1)，则可以发现水将从淡水侧或浓度较低的一侧通过膜自动渗透到盐水或浓度较高的溶液一侧，盐水体积逐渐增加，在达到某一高度后便自行停止，此时即达到了平衡状态，这种作用称为渗透作用。当渗透平衡时，溶液两侧液面的静水压差称为渗透压。如果在盐水面上施加大于渗透压的压力，则盐水中的水就会流向淡水侧，这种现象称为反渗透。

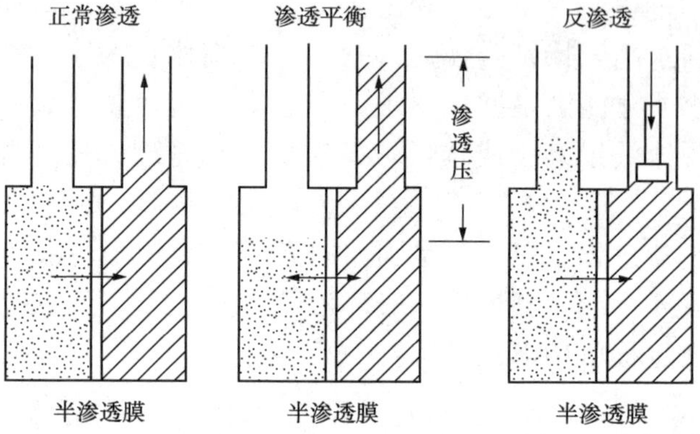

图 5-1　渗透于反渗透原理示意图

任何溶液都具有相应的渗透压，但需要利用半透膜才能表现出来。渗透压与溶液的性质、浓度和温度有关，而与膜无关。反渗透不能自发进行，为了产生反渗透作用，必须加压。只有当工作压力大于溶液的渗透压时，反渗透才能进行。在反渗透过程中，溶液的浓度逐渐增高，因此，反渗透设备的工作压力必须超过与浓水出口处浓度相应的渗透压。

反渗透膜的透过机理，一般认为是选择性吸附-毛细管流机理，即认为反渗透膜是一种多孔性膜，具有良好的化学性质，当溶液与这种膜接触时，由于界面现象和吸附作用，对水优先吸附或对溶质优先排斥，在膜面上形成一纯水层。被优先吸附在界面上的水以水流的形式通过膜的毛细管并被连续地排出。所以反渗透过程是界面现象和在压力下流体通过毛细管的综合结果。

反渗透膜材料品种很多，目前在水处理中应用较多的是醋酸纤维素膜和芳香族聚酰胺膜。

三、电渗析脱盐

电渗析是 20 世纪 60 年代发展起来主要用于苦咸水淡化的一种脱盐技术，其脱盐原理是在直流电场作用下，水中离子有选择透过性的离子交换膜，使离子从一种溶液透过离子交换膜进入另一种溶液，从而实现盐的分离、提纯、浓缩、回收。电渗析工作原理如图 5-2 所示。

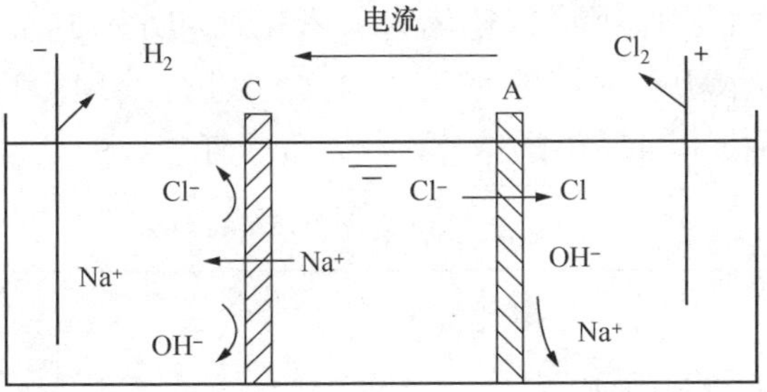

图 5-2　电渗析脱盐工作原理示意图

C 为阳离子交换膜，A 为阴离子交换膜(分别简称阳膜和阴膜)，阳膜只允许阳离子通过，阴膜只允许阴离子通过。纯水不导电，而污水中溶解的盐类所形成的离子带电，这些带电离子在直流电场作用下做定向移动。以污水中 NaCl 为例，当电流按图示方向流经电渗析器时，在直流电场的作用下，Na^+和 Cl^-分别透过阳膜(C)和阴膜(A)离开中间隔室，而两端电极室中的离子却不能进入中间隔室，结果使中间隔室中 Na^+和 Cl^-含量随着电流的通过而逐渐降低，最后是污水含盐浓度降低。在两旁隔室中，由于离子的迁入，溶液浓度逐渐升高而成为浓溶液。

第三节　RO 浓水达标处理技术

污水深度处理脱盐装置，工程上一般按照一级两段设计脱盐，产水率70%，剩余浓水为 30%，如一个处理能力 500m^3/h 的污水回用装置，除生产350m^3/h 准一级脱盐水外，还产生 150m^3/h 高含盐浓水。

一、浓水水质特点

由于反渗透浓水产生于回用污水，因而浓水水质具有以下显著特点：

(1) *TDS* 浓度较高，一般在 3500mg/L 左右；

(2) *COD* 浓度较低，一般在 120mg/L 左右；

(3) 可生化性很差，BOD_5一般小于 10mg/L，不适用直接生化法处理；

(4) 氨氮浓度较低，一般在 10mg/L 左右；

(5) 总氮浓度较低，一般在 50mg/L 左右。

二、处理技术

反渗透浓水 *COD* 可生化性很差，首先需要提高浓水的可生化性，最有效的方法是高级氧化，将 *COD* 转化为小分子含氧化合物。再采用好氧生化方法进行处理，通过微生物作用将其转化为二氧化钛和水，从而实现对 *COD* 的去除，因此，反渗透浓水一般需要采用组合工艺进行处理。当前的主要处理技术见表 5-1，这些技术对反渗透浓水 *COD* 都具有较好的处理效果。

表 5-1　反渗透浓水主要处理技术

主要处理技术	技术原理	优点	缺点
混凝沉淀	通过向污水中投加混凝剂，使细小颗粒与胶体悬浮物聚集成较大颗粒而沉淀	操作简单，易于控制，常作为高级氧化的预处理工艺	去除率不高、难以去除小分子和溶解性有机物、药剂投加费用高、产生大量混凝沉淀
臭氧氧化	臭氧在常温下可分解产生氧化能力极强的单原子氧和·OH	具有消毒、除色、除臭、去除有机物和 *COD* 的效果	臭氧利用率低、氧化能力不足，处理效果低
Fenton 氧化与电 Fenton 氧化	利用 Fe^{2+} 催化 H_2O_2 产生·OH 实现有机污染物降解	反应条件温和，操作方便，处理高效	H_2O_2 利用率不高，能耗大，药剂投加量大
光催化氧化	向污水中加入适量氧化剂，在紫外光（可见光）作用下产生氧化性极强的·OH	能够将大部分有机物氧化成 CO_2、H_2O 和其他小分子有机物，对有色物质具有较好的处理效果	单独使用光催化对有机物处理效果不理想，与其他组合工艺联用效果会更好
超声氧化法	通过高能超声波产生空化作用和自由基作用，实现对有机物的降解	操作简单，能去除水体中部分有机污染物	超声氧化处理成本高，对亲水性和难挥发性有机物去除效果差
电化学氧化	通过电解产生强氧化剂来氧化降解有机物	能够氧化难降解有机物和氨氮，对色度也有一定的去除效果	电化学氧化能耗高，电极材料在电解过程中产生有毒副产物
高级氧化-生化组合	将难生物降解的有机物通过高级氧化转化为易生物降解的中间产物，再经过生物氧化作用将污染物氧化成 CO_2、H_2O 和矿物盐	对有机物具有很好的去除效果，减少运行成本	生物处理过程中运行周期较长

第四节　污水深度处理利用案例

一、工艺流程

外排污水深度处理回用是指经过常规方法处理的污水，水质达标国家二级以上排放标准，再经过一定工艺将污染物深度脱除和脱盐，生产准一级脱盐水的过程。该工艺适合含盐较高的外排污水处理，或需要生产较高质量的产品水。一般工艺流程如下：

达标外排污水→BAF→絮凝沉淀→高级氧化→过滤→活性炭吸附→杀菌→UF→RO→脱盐水

对 *COD* 浓度小于 120mg/L 的外排污水，首先进行絮凝沉淀，去除悬浮物和非溶解性 *COD*；沉淀出水进入 BAF 单元，利用生物作用去除 *BOD* 和氨氮等污染物；BAF 出水进入高级氧化单元，利用氧化作用进一步去除 *COD* 和氨氮；氧化出水经过过滤器过滤，利用过滤器的分离作用去除悬浮物；过滤后出水进入活性炭吸附单元，利用活性炭对有机物的吸附作用，进一步将 *COD* 降低到 30mg/L 左右；再进入 UF 单元，利用 UF 精细分离作用，将悬浮物较彻底去除，使污染指数(*SDI*)小于 3，满足进入 RO 膜的要求；UF 出水进入 RO 单元，利用反渗透膜的脱盐作用进行脱盐，将 98%以上的盐脱除，得到准一级的脱盐水。

该工艺流程的核心技术虽然是超滤技术和反渗透技术，但确保超滤膜和反渗透膜实现正常运行的关键是污水的深度预处理。如果污水预处理效果得不到保证，将使超滤膜和反渗透膜产生严重污堵，通量快速下降，不仅大幅增加运行成本，而且严重影响膜的使用寿命。因此，应确保外排污水的预处理效果。

二、典型案例

1. 炼油达标外排污水深度处理回用

北方某大型炼油厂使用的新水水质为高硬度碱度水质，生产过程产生的污水含盐较高，表 5-2 为该炼油厂达标外排污水主要水质，*COD* 一般不超过 80mg/L、氨氮不超过 50mg/L，这些污染物浓度虽然达到了旧的国家标准排放要求，但超过了回用指标要求；电导率较高，在 1400~1900μS/cm，大大超过了一般用户要求，因此，这种污水需要进行处理和脱盐，才能满足回用要求。

表 5-2 北方某大型石化企业炼油外排污水主要水质

项　　目	分析结果	项　　目	分析结果
COD/(mg/L)	~80	pH	7.0~8.4
BOD_5/(mg/L)	~20	总硬(以 $CaCO_3$ 计)/(mg/L)	300~500
氨氮/(mg/L)	<15	总碱(以 $CaCO_3$ 计)/(mg/L)	50~150
SS/(mg/L)	<70	Cl^-/(mg/L)	150~400
电导率/(μS/cm)	1400~1900	SO_4^{2-}/(mg/L)	150~260

根据这种外排污水水质特性，该公司在2004年建设了一套生产准一级脱盐水410m³/h能力的污水深度处理脱盐装置，采用的预处理工艺流程如下：

达标外排污水→BAF→絮凝→高级氧化→过滤→活性炭→杀菌

外排污水首先进入曝气生物滤池(BAF)，将*COD*和氨氮进一步降低。出水再经絮凝沉淀，去除非溶解性*COD*后，经高级氧化、过滤和活性炭吸附，进一步去除其他污染物，出水水质见表5-3。污水经过该流程处理后，水质得到了大幅改善，出水中*COD*、*BOD*、氨氮和*SS*分别降低到小于40mg/L、5mg/L、5mg/L和5mg/L以下，满足UF对进水水质要求。再经UF，对悬浮物进行精处理，使水质的污染指数(*SDI*)降低到小于3以下，使其满足RO膜对进水水质的要求。超滤出水进RO装置进行脱盐，产水电导率小于50μS/cm、*TDS*小于24mg/L，达到准一级脱盐水质指标。

表5-3 炼油外排污水经预处理活性炭出水水质

项　目	分析结果	项　目	分析结果
COD/(mg/L)	<40	*SS*/(mg/L)	<5
BOD_5/(mg/L)	<5	pH	7.8~9.0
氨氮/(mg/L)	<5		

该污水回用系统的脱盐装置设计脱盐水生产能力410m³/h，采用一级二段工艺，脱盐率>95%、产水率75%~78%，2004年年底投入运行至2009年的5年中，累计生产准一级脱盐水950×10⁴m³。

运行费用包括达标污水深度预处理费用、电费、阻垢剂费用、氧化剂费用、还原剂费用、UF和RO更换费用、清洗剂费用等(不包括折旧、人工、财务、管理等费用)，表5-4为实际运行费用构成，生产1t准一级脱盐水的运行费用为4.01元。如果准一级脱盐水价按照6元/t计，采用污水深度处理脱盐回用技术具有一定的经济效益。

表5-4 炼油外排污水深度处理脱盐装置运行费用

项　目	单价	总费用/元	成本/(元/t)
污水深度预处理	2.0元/t	577	2.81
电	0.52元/(kW·h)	152	0.19
阻垢剂	45000元/t	12.3	0.17
氧化剂	1846元/t	231	0.13
还原剂	2564元/t	246	0.02
RO膜(按3年更换)	5000元/支	662400	0.20
UF膜(按5年更换)	12000元/支	1440000	0.44
清洗		131200	0.04
合计			4.01

2. 化工达标外排污水深度处理回用

某大型石化企业的化工装置使用的新水为高硬度碱度水质，产生的工业污水经过常规“老三套”工艺处理后再经容积 $1000\times10^4m^3$ 的天然氧化塘处理，效果很好，主要水质见表 5-5。出水中主要污染物浓度较低，如 *COD* 基本在 60mg/L 左右、氨氮也小于 5mg/L 等，这两个指标基本满足回用循环冷却水系统的要求。但污水含盐较高，电导率在 1200μS/cm 左右，不满足回用要求，因此，需要污水进行脱盐，才能实现回用。

表 5-5　北方某大型石化企业化工外排污水主要水质

项　　目	分析结果	项　　目	分析结果
COD/(mg/L)	60	pH	6.7
BOD_5/(mg/L)	20	钙硬(以 $CaCO_3$ 计)/(mg/L)	305
氨氮/(mg/L)	5	总碱(以 $CaCO_3$ 计)/(mg/L)	117
悬浮物/(mg/L)	70	Cl^-/(mg/L)	110
浊度/(mg/L)	<15	SO_4^{2-}/(mg/L)	205
电导率/(μS/cm)	1200		

根据这种污水水质特性，该公司在 2004 年建设了一套生产准一级脱盐水 $800m^3/h$ 的污水深度处理脱盐装置，处理工艺流程如下：

氧化塘污水→过滤器→UF→RO

工艺流程较短，$1200m^3/h$ 氧化塘污水经过保安过滤器过滤后，进入超滤装置，去除悬浮物，超滤产水水质见表 5-6。污水经过超滤，产水 $1080m^3/h$，浊度小于 0.2NTU、*TSS* 小于 2mg/L、*SDI* 小于 3，水质满足 RO 要求。超滤产水进入 RO 装置脱盐，生产 $800m^3/h$ 准一级脱盐水，水质见表 5-7。电导率小于 50μS/cm、*TDS* 小于 24mg/L，达到准一级脱盐水质指标。

表 5-6　北方某大型石化企业化工外排污水超滤产水主要水质

项　　目	分析结果	项　　目	分析结果
浊度/NTU	<0.2	*SDI*	<3
TSS/(mg/L)	<1.0		

表 5-7　北方某大型石化企业化工外排污水 RO 产水主要水质

项　　目	分析结果	项　　目	分析结果
电导率/(μS/cm)	<50	pH	5.7~6.1
TDS/(mg/L)	<24		

3. 循环水排污水回用

为保证水质满足要求，循环冷却水系统在运行过程必须进行适量排污。排污水量多少主要由循环水量、给回水温差和浓缩倍数等因素决定；循环冷却水系统排污水一般含盐较高，水质的优劣主要由补充水水质、浓缩倍数和工艺物料泄漏情况等因素决定。因此，对排污水处理脱盐后回用，可以降低循环冷却水系统的新水消耗和污水外排。火力发电装置循环冷却水系统的循环水量一般都很大，水质也较好，不存在泄漏物料污染水质问题，排污水已成功实现了回用。

(1) 节水潜力

在一般情况下，污水回用量决定循环冷却水系统的节水潜力，而循环水排污水量又决定污水回用量。因此，对一个循环冷却水系统，排污水量多少由循环水量、给回水温差、浓缩倍数等因素确定，他们之间的定量关系满足前述的式(4-1)和式(4-2)。如果循环水排污水采用“双膜”脱盐工艺进行处理，产水率一般为 P，即排污水量的 P 返回循环冷却水系统作补充水，节水潜力分析如下：

① 排污水量

循环冷却水系统的排污水量可由式(5-1)计算得到：

$$D=\eta\times R\times(T_1-T_0)/[(C-1)\times580] \tag{5-1}$$

式中 D——排污水量，m^3/h；

R——循环水量，m^3/h；

T_1——回水温度，℃；

T_0——给水温度，℃；

C——浓缩倍数；

η——季节校正因子。

② 循环水排污水回用量

循环冷却水系统排污水脱盐后回用，污水回用量可由式(5-2)计算得到：

$$H=D\times P \tag{5-2}$$

式中 H——循环水排污水回用量，m^3/h；

D——循环水排污水量，m^3/h；

P——回用污水产水率，%。

③ 节水量

循环水排污水处理后回用，循环冷却水系统的运行参数与排污水回用前一样，如浓缩倍数保持不变，则节水量与污水回用量数值相等，即节水量等于污水回用量，可用式(5-2)计算节水量。

如果循环水排污水回用后，因回用水含盐低而使浓缩倍数较回用前提高，则节水量还应增加因浓缩倍数提高而减少的补充水量；反之，如果排污水回用后，浓缩倍数较回用前降低，则节水量还应减去因浓缩倍数降低而增加的补充水量。

④ 节水率

循环冷却水系统排污水实施回用，节水率可由式(5-3)计算得到：

$$J=H/M\times100\% \tag{5-3}$$

式中 J——节水率,%；

H——污水回用量，m^3/h；

M——补充水量，m^3/h。

将式(5-3)与式(5-2)和式(4-4)结合、整理得到：

$$J=P/C \tag{5-4}$$

式中 J——节水率,%；

P——回用污水产水率,%；

C——浓缩倍数。

式(5-4)说明，对一个循环冷却水系统实施排污水回用，节水率只与污水回用率和浓缩倍数有关，节水率与污水回用率成正比，污水回用率越高，节水率也越高；与浓缩倍数成反比，浓缩倍数越低，节水率越高。

(2) 循环水排污水水质特点

由于循环冷却水系统开放运行特点，水质直接受补充水水质、大气悬浮颗粒物含量、泄漏物料性质等因素影响很大，因此，不同水源、不同地区、不同生产装置的循环冷却水水质大不一样。

使用高硬度碱度水质与使用低硬度碱度水质的循环冷却水水质不同，使用高硬度碱度水质的循环冷却水中硬度和碱度一般较高，而使用低硬度碱度水质的循环冷却水中硬度和碱度一般较低。

使用高含盐水质与使用低含盐水质的循环冷却水水质不同，使用含盐较高的循环冷却水电导率一般较高，而使用低含盐水质的循环冷却水电导率一般较低。

北方地区的循环冷却水水质不同于南方地区，北方地区的大气中悬浮物一般较南方高，因而，北方地区的循环冷却水中浊度一般较高，特别是西北干旱和沙漠地区，循环冷却水运行中浊度上升较快。

炼油装置的循环冷却水水质不同于化工装置，炼油装置水冷器的工艺物料比较复杂，泄漏的物料类型较多，轻重组分都有；化工装置水冷器的工艺物料相对简单，重组分较少。因而，不同的泄漏物料对循环冷却水生物黏泥滋生影响一般也不相同。

新建装置的循环冷却水不同于老装置，新建装置的水冷器较新，物料泄漏现象相对较少，对循环冷却水水质影响较小；老装置的水冷器较旧，物料泄漏现象相对严重，对循环冷却水水质影响较大。

循环冷却水系统排污水水质具有以下显著特点：

① 含盐高

当前，大多数循环冷却水浓缩倍数控制在 5 倍左右运行，因此，排污水含盐至少是补充水的 5 倍左右。如使用中低硬度碱度水质的南方循环冷却水系统的排污水电导率一般在 1000μS/cm 左右，使用高硬度碱度水质的排污水电导率一般在 2000μS/cm 左右，采用加酸方案的排污水电导率一般在 3500μS/cm，使用适度处理污水回用的排污水电导率一般在 5500μS/cm 左右。

② 硬度高

采用自然 pH 运行方案的循环冷却水系统，排污水钙硬一般在 500mg/L 左右，总硬一般在 700mg/L 左右；采用加酸运行方案的循环冷却水系统，排污水钙硬一般在 1000mg/L 左右，总硬一般在 1400mg/L 左右。

③ 水质波动大

循环冷却水系统的排污水水质受运行条件的影响大，特别是石油化工循环冷却水系统，如果微生物控制不好，排污水中悬浮物浓度和生物黏泥量较正常时高数倍甚至十几倍；特别是当出现工艺物料泄漏时，不但悬浮物和生物黏泥较正常时高十几倍，而且 *COD* 也高十几倍，*COD* 有时高达 500mg/L。

④ 具有生物毒性

在循环冷却水系统采用化学清洗剂进行黏泥剥离清洗时，排污水中不但含有高浓度的悬浮物和生物黏泥，而且含有较高浓度的化学清洗剂，当前使用的多数化学清洗剂对生物具有一定的毒性。

（3）技术要求

① 脱盐

由于循环冷却水系统的排污水含盐较高，盐浓度一般远超回用要求，因此，排污水必须进行脱盐，才能满足回用要求。基于脱盐成本考虑，可考虑采用电渗析或 RO 膜进行脱盐，成本较低。

② 预处理

石油化工装置循环冷却水系统的排污水，由于生产装置普遍存在不同程度的工艺物料泄漏进入循环冷却水现象，造成对循环冷却水水质的严重污染，导致排污水中悬浮物、生物黏泥、*COD* 和石油烃等污染物的浓度很高、波动也很大，大大超过 RO 膜对进水水质的要求，也超过电渗析对进水水质要求。如果采用 RO 膜对排污水脱盐，必须对排污水进行预处理，将污水中这些污染物浓度处理到满足 RO 膜的要求。由于影响因素多，虽然进行了不懈努力，但目前尚未成功。采用电渗析技术进行脱盐，对进水水质要求较低，实现工业化相对较容易，因而，有成功的应用案例。

（4）工艺流程

① 炼油化工装置循环冷却水系统排污水回用

根据炼油化工工艺装置循环冷却水运行特点和水质特性，排污水采用电渗析脱盐工艺流程如下：

排污水→除硬→沉淀→气浮→电渗析→回用

排污水首先进入除硬单元进行除硬，再进入沉淀单元，出水经过气浮，进入电渗析单元脱盐，产水直接返回循环冷却水系统作为补充水，浓水去含盐污水处理系统进行处理。

② 火力发电装置循环冷却水系统排污水回用

火力发电装置循环冷却水系统不存在工艺物料泄漏问题，排污水水质除含盐和悬浮物较高外，其他污染物浓度一般较低，基本满足 RO 膜要求，因此，不需要进行预处理，一般采用如下工艺流程处理：

排污水→沉淀→过滤→UF→RO→回用

排污水首先进入沉淀池沉淀，出水经过过滤后，进入 UF 单元，进一步去除悬浮物，将水质 SDI_{15} 降低到 3 以下，进入 RO 单元进行脱盐，产水直接返回循环冷却水系统作为补充水，浓水去污水处理系统进行处理。

（5）典型案例

① 循环冷却水系统排污水电渗析脱盐回用

北方某大型石化企业化工装置的一套循环冷却水系统的循环冷却水量 $10000m^3/h$，排污水量 $40\sim50m^3/h$，使用高硬度碱度水质作为补充水，采用自然 pH 运行方案，浓缩倍数控制在 2.5~3.0，排污水主要水质见表 5-8。该循环冷却水系统的排污水钙硬和硬度分别为 350mg/L 和 500mg/L，碱度 370mg/L，磷酸根 6.5mg/L，电导率 900μS/cm，浊度 10NTU，工艺物料泄漏进入循环冷却水现象较少，*COD*、石油类、悬浮物、氨氮等污染物浓度较低，水质总体较好。

表 5-8　北方某化工装置循环冷却水系统排污水主要水质

项　　目	分析结果	项　　目	分析结果
pH	9.0	Cl^-/(mg/L)	77
钙硬(以 $CaCO_3$ 计)/(mg/L)	350	PO_4^{3-}/(mg/L)	6.5
总硬(以 $CaCO_3$ 计)/(mg/L)	500	电导率/(μS/cm)	900
总碱(以 $CaCO_3$ 计)/(mg/L)	370	浊度/NTU	10

该循环冷却水系统排污水0.5m^3/h中试装置脱盐工艺流程如下：

排污水→电絮凝→过滤→电渗析→回用

排污水首先进入电絮凝反应器进行除硬，降低排污水中硬度，出水进入精密过滤器，去除水中悬浮物，现场中试水质见表5-9。除硬除浊排污水再进入电渗析单元进行脱盐，现场中试水质见表5-10。

表5-9 化工装置循环冷却水系统排污水除硬后水质

项　目	分析结果	项　目	分析结果
pH	9.8	总碱(以$CaCO_3$计)/(mg/L)	350
钙硬(以$CaCO_3$计)/(mg/L)	90	PO_4^{3-}/(mg/L)	1.2
总硬(以$CaCO_3$计)/(mg/L)	90	浊度/NTU	2.6

表5-10 化工装置循环冷却水系统排污水中试电渗析脱盐水质

项　目	分析结果	项　目	分析结果
pH	7.2	Cl^-/(mg/L)	0
钙硬(以$CaCO_3$计)/(mg/L)	12.0	电导率/(μS/cm)	280
总硬(以$CaCO_3$计)/(mg/L)	12.0	浊度/NTU	1.1
总碱(以$CaCO_3$计)/(mg/L)	50.1		

从表5-9水质分析结果可以看出，排污水经过电絮凝和过滤后，钙硬和总硬大幅降低，分别从处理前的350mg/L和500mg/L降低到处理后的90mg/L，钙硬去除率74%，镁硬100%被去除，显示出较好的除硬效果；浊度和磷酸根分别从处理前的10NTU和6.5mg/L降低到处理后的2.6NTU和1.2mg/L，去除率分别达到74%和81.5%。

表5-10水质分析结果显示，排污水经过电渗析脱盐，钙硬降低到12mg/L，钙硬去除率为86.7%；氯离子从处理前的77mg/L降低到处理后的0mg/L，全部被去除，显示出优异的脱氯离子效果；电导率从处理前的900μS/cm降低到处理后的280μs/cm，脱盐率达到69%，脱盐效果良好，大部分盐被脱除。

循环冷却水系统的排污水经过“电絮凝+过滤+电渗析”组合工艺处理，出水水质转变为低硬度碱度水质。这种水质作为使用高硬度碱度水质的循环冷却水系统的补充水，不但满足水质要求，更为重要的是改善高硬度碱度的水质特性，可以提高使用高硬度碱度水质的循环冷却水运行浓缩倍数，进一步实现节水。

现场中试成功后，该企业采用中试工艺流程，在2001年建设了一套处理能力50m^3/h的循环冷却水系统排污水脱盐工业化装置。设计产水率80%，装置投入运行后，脱盐效果见表5-11。处理效果较好，水质满足循环冷却水要求。电渗析装置总体运行正常，实现了化工装置循环冷却水系统排污水脱盐回用。

表5-11 化工装置循环冷却水系统排污水工业化电渗析脱盐水质

项　目	进水	出水
pH	7.0	7.0
钙硬(以 $CaCO_3$计)/(mg/L)	54.0	30.0
总硬(以 $CaCO_3$计)/(mg/L)	110	40.0
总碱(以 $CaCO_3$计)/(mg/L)	80.0	70.0
Cl^-/(mg/L)	83	10
电导率/(μS/cm)	1508	800

② 循环冷却水系统排污水双膜脱盐回用

某火力发电厂一期、二期工程装机总容量4×300MW，三期工程装机2×600MW，使用高硬度碱度水质作为补充水，循环冷却水系统排污水主要水质见表5-12。总硬很高，达到1661mg/L；含盐较高，*TDS*达到1475mg/L；其他污染物浓度较低，悬浮物为36mg/L、COD_{Mn}为9.7mg/L，水质除硬度和含盐高外，其他指标总体较好。

表5-12 某火力发电装置循环冷却水系统排污水主要水质

项　目	分析结果	项　目	分析结果
pH	7.6	电导率/(μS/cm)	2400
总硬(以 $CaCO_3$计)/(mg/L)	1661	悬浮物/(mg/L)	36
全硅/(mg/L)	16.1	COD_{Mn}/(mg/L)	9.7
TDS/(mg/L)	1475		

循环冷却水系统排污水脱盐回用中试工艺流程如下：

排污水→澄清→过滤→UF→RO→回用

排污水首先进入机械加速澄清池，投加10mg/L三氯化铁混凝剂，再经过滤器过滤，出水悬浮物为1.8mg/L、浊度在0.3~4.7NTU、COD_{Mn}在4.3~6.7mg/L。

排污水经澄清和过滤，进入超滤装置进一步去除悬浮物，超滤装置试验工艺参数如下：

处理量：6~12m^3/h

过滤：30min

反洗：1min

气洗：1min

排空：2min

超滤膜通量与压差变化如图 5-3 所示。当膜通量小于 $4m^3/(m^2 \cdot d)$ 时，经过 48h 运行的压差未显增加；当膜通量达到 $4m^3/(m^2 \cdot d)$ 时，经过 6h 运行的压差开始大幅升高。说明膜通量对超滤压差影响很大，随膜通量增加，压差增加。

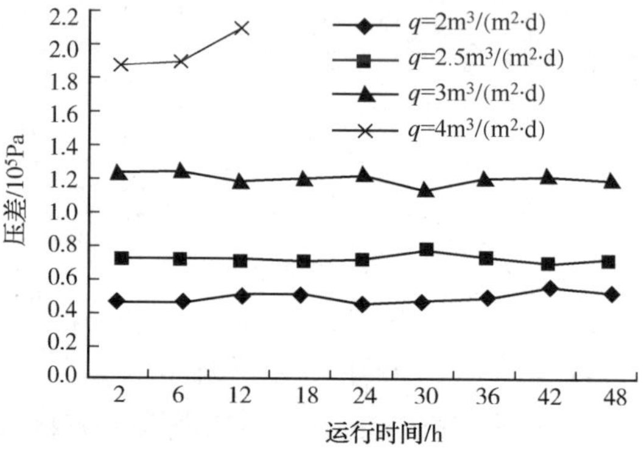

图 5-3 膜通量对超滤压差的影响

超滤膜反洗周期对压差的影响结果如图 5-4 所示。反洗周期对超滤压差影响很大，当反洗周期小于 45min 时，超滤压差随运行时间延长变化不大；当反洗周期延长到 60min 时，超滤压差随运行时间延长而大幅升高，说明反洗周期不能过长，否则对超滤压差影响增大。

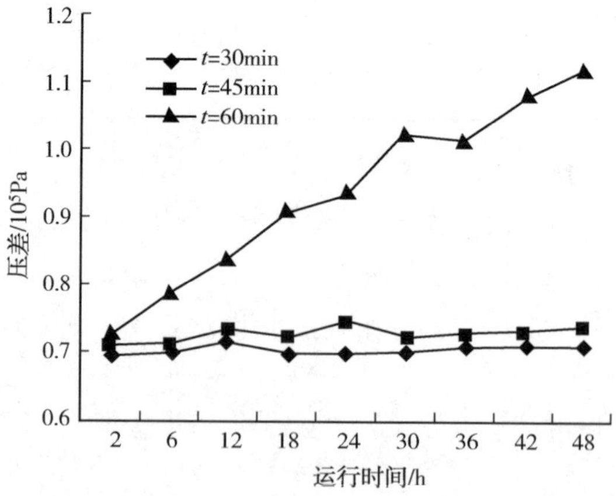

图 5-4 反洗周期对超滤压差的影响

过滤出水经过超滤，水质很好，浊度降低到0.01~0.02NTU，SDI_{15}达到1.3~1.9，COD_{Mn}4.2~4.7mg/L，完全满足RO膜要求。

排污水经过“澄清+过滤+超滤”组合工艺处理后，在进入RO单元脱盐，主要工艺参数如下：

产水量：100L/h

进水压：570~690kPa

出水压：560~680kPa

压差：10kPa

回收率：30%

排污水经过反渗透脱盐，电导率从进水的2300~2700μS/cm降低到17~23μS/cm，水质达到准一级脱盐水指标，中试成功。

2004年建设了一套处理能力220m^3/h的循环冷却水系统排污水工业化脱盐回用装置，RO按照一级两段设计，产水率65%。装置于2004年9月投入运行，超滤产水水质见表5-13，反渗透运行情况见表5-14。

从表5-13结果可以看出，超滤运行稳定，产水水质很好，SDI_{15}在0.42~0.67之间，浊度最大0.17NTU，优于反渗透对进水水质要求。

表5-14结果显示，反渗透脱盐效果很好，运行稳定，产水电导率在31.5~37.5μS/cm之间，水质达到准一级脱盐水要求；脱盐率均大于97%，水回收率在63.9%~67.3%之间，达到设计指标要求；反渗透膜两侧最小压差0.12MPa、最大压差0.16MPa，最大压差较最小压差仅增加0.04MPa，说明膜污堵较轻。

表5-13　某火力发电装置循环冷却水系统排污水超滤水质

运行日期	SDI_{15}	浊度/NTU
2004年10月	0.45	0.13
2004年12月	0.47	0.13
2005年02月	0.67	0.12
2005年04月	0.42	0.12
2005年06月	0.44	0.14
2005年08月	0.53	0.17
2005年10月	0.51	0.11
2005年12月	0.55	0.13

表 5-14　某火力发电装置循环冷却水系统排污水反渗透运行情况

运行日期	电导率/(μS/cm)	脱盐率/%	回收率/%	压差/MPa
2004 年 10 月	35.7	98.7	65.2	0.12
2004 年 12 月	32.8	98.6	67.1	0.15
2005 年 02 月	31.5	97.4	67.3	0.16
2005 年 04 月	35.4	98.9	65.7	0.14
2005 年 06 月	32.0	98.5	63.9	0.15
2005 年 08 月	34.8	97.9	64.3	0.15
2005 年 10 月	34.7	98.2	65.2	0.15
2005 年 12 月	37.5	98.6	66.8	0.15

6. 注意事项

循环冷却水系统的排污水直接受循环冷却水运行工况影响，水质和水量波动较大，特别在非正常情况，水质变化非常大。因此，在进行排污水处理回用时，注意如下：

(1) 对生产装置物料泄漏进入循环冷却水情况进行详细调查和分析，确定循环冷却水系统实际运行工况。

(2) 对使用的补充水水质和排污水水质进行详细调查和分析，确定排污水硬度、含盐和污染情况。

(3) 针对循环冷却水系统实际运行工况和排污水水质，确定采用的处理回用工艺。

(4) 对工艺物料频繁出现泄漏的循环冷却水系统，排污水回用慎重采用反渗透脱盐工艺。

第五节　反渗透浓水处理案例

一、反渗透浓水 *COD* 处理

1. 工艺流程

东北某炼化企业 2016 年建成并投入运行的 350m^3/h 的反渗透浓水处理装置，采用“BAF+催化臭氧氧化+BAF”组合工艺（流程如图 5-5 所示），反渗透浓水首先经泵提升至前置 BAF，出水进入集水池，再经泵送至催化臭氧氧化反应器，处理后进入氧化稳定池，经过稳定后的浓水自流进入后置 BAF，出水经清水池外排。

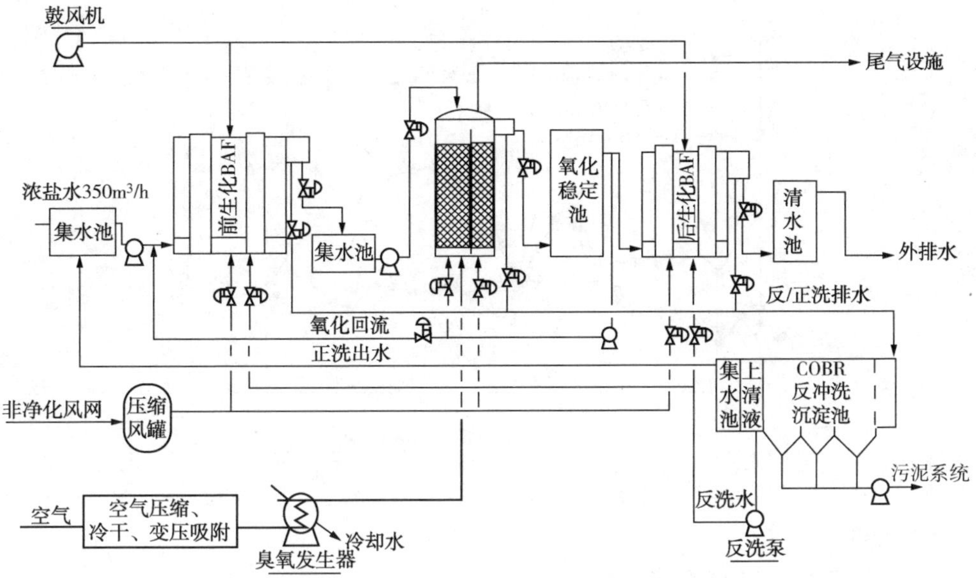

图 5-5　某炼化企业反渗透浓水处理工艺流程图

2. 处理效果

进水 *COD* 平均浓度 77mg/L、出水 *COD* 平均浓度 27mg/L，总体效果较好，具体情况见表 5-15。从图 5-6 可以看出，进入反渗透浓度处理装置的 *COD* 浓度 37~117mg/L，这种反渗透浓水经过前置 BAF 处理，*COD* 浓度降低至 33~79mg/L，平均去除率约 20%；经过前置 BAF 处理的反渗透浓水，再进入催化臭氧氧化单元处理，臭氧使用浓度控制在 30~50mg/L，*COD* 浓度降低至 20~49mg/L，平均去除率约 50%；经过臭氧氧化的反渗透浓水再进入后置 BAF 处理，*COD* 进一步降低至 16~40mg/L，去除率约 25%。

表 5-15　某炼化企业反渗透浓水进出水主要水质

项　　目	RO 浓水平均值	出水平均值	标准*
pH	6~9	6.5	—
COD/(mg/L)	77	27	50
石油类/(mg/L)	3	2.3	3
悬浮物/(mg/L)	18	12	20
氨氮/(mg/L)	0.05	0.05	8
挥发酚/(mg/L)	0.04	0.04	0.3
硫化物/(mg/L)	0.005	0.005	0.5
氯离子/(mg/L)	256	236	400

* DB 21/1627—2008《辽宁省污水综合排放标准》水污染物最高允许排放浓度。

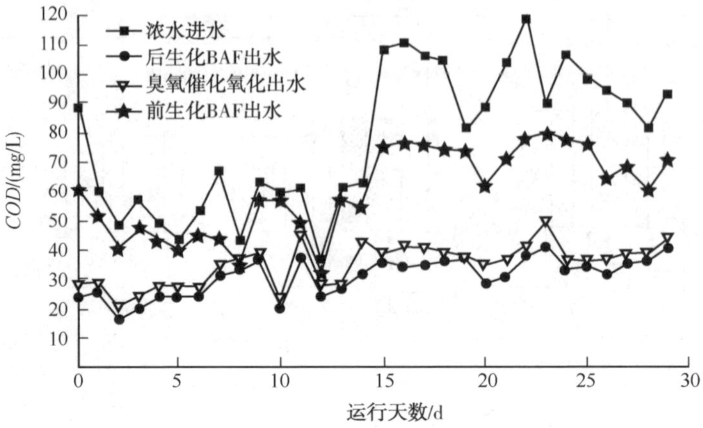

图 5-6　某炼化企业反渗透浓水各主要单元的处理效果

二、反渗透浓水氨氮和总氮处理

1. 工艺流程

图 5-7 是浙江某冶金企业反渗透浓水除氨脱氮工艺流程，反渗透浓水首先进入硝化池进行脱氨氮，经过硝化的反渗透浓水再进入一级反硝化池进行反硝化，出水再进入二级反硝化池进行第二次反硝化，反渗透浓水经过一级除氨和两级脱氮，*COD*、氨氮和总氮全部达到设计指标要求和环保排放新标要求。

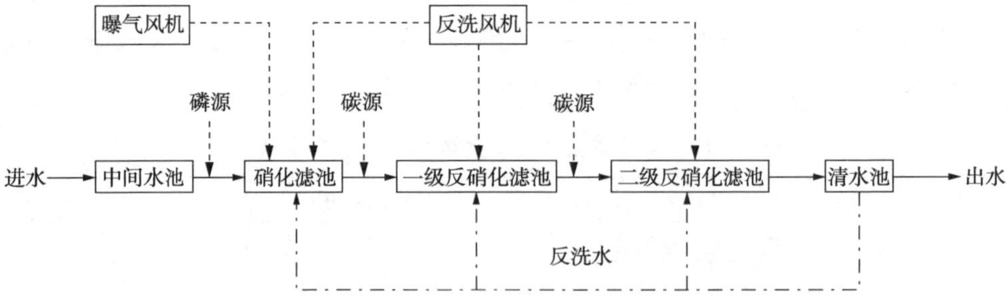

图 5-7　浙江某冶金企业反渗透浓水脱氮工艺

2. 设计水质

反渗透浓水设计进出水水质见表 5-16。设计进水 *COD* 浓度 50mg/L、氨氮浓度 20mg/L、总氮浓度 50mg/L，设计出水 *COD* 浓度 50mg/L、氨氮浓度 5mg/L、总氮浓度 10mg/L。

表 5-16　浙江某冶金企业反渗透浓水脱氮设计水质

项目	pH	*COD*/(mg/L)	氨氮/(mg/L)	总氮/(mg/L)
进水	7~8	50	20	50
出水	7~9	50	10	10

3. 运行效果

反渗透浓水经过除氨脱氮装置处理，运行效果如图 5-8 所示。进水氨氮浓度基本在 20mg/L 左右、总氮浓度基本在 50mg/L，32 天的运行结果显示：氨氮去除率基本维持在 95%左右，总氮去除率基本维持在 92%左右，除氨脱氮效果良好。

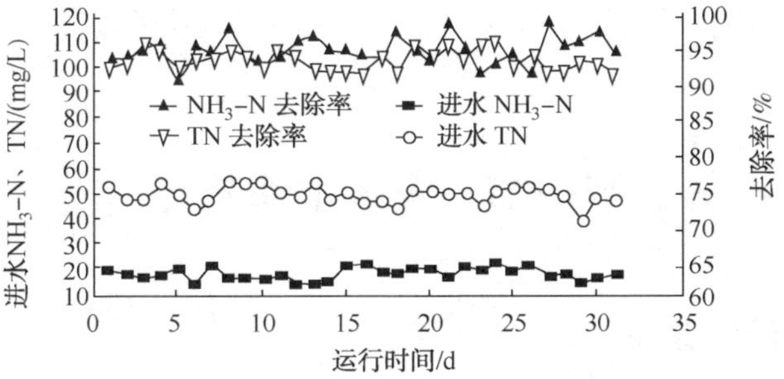

图 5-8　浙江某冶金企业反渗透浓水除氨脱氮装置运行效果

第六章 市政中水利用

第一节 中水水质特点

一、市政污水定义

市政污水是排入城镇污水系统的污水的统称。在合流制排水系统中，还包括该区域内的生产污水及截留的雨水。市政污水主要包括生活污水和少量工业污水，由城市排水管网汇集并输送到污水处理厂进行处理。

市政污水中普遍含有悬浮物、病原体、耗氧有机物和植物营养素等各种污染物。

（1）悬浮物

一般为200~500mg/L，有时可超过1000mg/L。其中无机和胶体颗粒容易吸附有机毒物、重金属、农药、病原菌等，形成危害大的复合污染物。悬浮物可经过混凝、沉淀、过滤等方法与水分离，形成污泥而去除。

（2）病原体

包括病菌、寄生虫、病毒三类。常见的病菌是肠道传染病菌，每升污水可达几百万个，可传播霍乱、伤寒、肠胃炎、婴儿腹泻、痢疾等疾病。常见的寄生虫有阿米巴、麦地那丝虫、蛔虫、鞭虫、血吸虫、肝吸虫等，可造成各种寄生虫病。病毒种类很多，仅人粪尿中就有百余种，常见的是肠道病毒、腺病毒、呼吸道病毒、传染性肝炎病毒等。每升生活污水中病毒可达50万到7000万个。

（3）耗氧有机物

包括碳水化合物、蛋白质、油脂、氨基酸、脂肪酸、酯类等。其浓度常用五日生化需氧量（BOD_5）来表示。也可用总需氧量（TOD）、总有机碳（TOC）、化学需氧量（COD）等指标结合起来评价。常用 BOD_5 与 COD 的比例来反映污水的可生化降解性，用微生物呼吸氧量随时间变化曲线来反映生化降解的快慢，据此选择处理方案。城市污水 BOD_5 一般为 300~500mg/L，而造纸、食品、焦化、纤维等工业污水可高达每升数千毫克。

（4）植物营养素

生活污水、食品工业污水、城市地面径流污水中都含有植物的营养物质——氮和磷。近年来，由于大量使用含磷洗涤剂，城市污水中磷的含量显著增加。来自洗涤剂的磷占生活污水中磷含量的 30~75%，占地面径流污水中磷含量的 17%左右。氮素的主要来源是食品、化肥、焦化等工业的污水，以及城市地面径流和粪便。硝酸盐、亚硝酸盐、铵盐、磷酸盐和一些有机磷化合物都是植物营养素，能造成地面水体富营养化、海水赤潮和地下肥水。硝酸盐含量过高的饮水有一定的毒性，能在肠胃中还原成亚硝酸盐而引起肠原性青紫症。亚硝酸盐在人体内与仲胺合成的亚硝胺类物质可能有致畸作用、致癌作用。

城市污水中除含以上四类普遍存在的污染物外，还可能含有多种无机污染物和有机污染物，如氟、砷、重金属、酚、氰、有机氯农药、多氯联苯、多环芳烃等。

二、市政污水来源

市政污水是通过下水管道收集到的所有排水，是排入下水管道系统的各种生活污水、工业污水和城市降雨径流的混合水。

生活污水是人们日常生活中排出的水。它是从住户、公共设施（饭店、宾馆、影剧院、体育场馆、机关、学校和商店等）和工厂的厨房、卫生间、浴室和洗衣房等生活设施中排放的水。这类污水的水质特点是含有较高的有机物，如淀粉、蛋白质、油脂等，以及氮、磷、等无机物，此外，还含有病原微生物和较多的悬浮物。相比较于工业污水，生活污水的水质一般比较稳定，浓度较低。

工业污水是生产过程中排出的污水，包括生产工艺污水、循环冷却水冲洗污水以及综合污水。由于各种工业生产的工艺、原材料、使用设备的用水条件等的不同，工业污水的性质千差万别。相比较于生活污水，工业污水水质水量差异大，具有浓度高、毒性大等特征，不易通过一种通用技术或工艺来治理，往往要求其在排出前在厂内处理到一定程度。

降雨径流是由降水或冰雪融化形成的。对于分别敷设污水管道和雨水管道的城市，降雨径流汇入雨水管道，对于采用雨污水合流排水管道的城市，可以使降雨径流与城市污水一同加以处理，但雨水量较大时由于超过截留干管的输送能力或污水处理厂的处理能力，大量的雨污水混合液出现溢流，将造成对水体更严重的污染。

三、市政污水利用可行性

截至2014年底，全国城市污水处理率达到90.18%，年处理能力在$471\times10^8m^3$，其中中小型城市污水厂最多，共422座，年处理水量可以达到$66\sim69\times10^8m^3$，出水量可以达到$56\sim59\times10^8m^3$。市政污水处理产业的整体发展达到了一定的高度，可以保证市政污水处理量的稳步增长。

相对其他非常规水资源，市政污水具有水量大、相对集中、分布区域广阔、水质较为稳定的特点，便于就地取材。在水十条等政策要求下，全国城市污水厂出水标准都在不断地提高，个别地区城市污水厂的提标改造工程将执行要求更高的地方标准，这会更利于回用处理。作为城市可替代的新的水源，它不受气候、季节、距离等条件的限制，比地下水再生能力强，比跨区域、跨流域的远程调水工程更经济，可以满足我国高速发展的城市化和工业化进程中所需庞大水量的渴望。

第二节　中水处理技术

目前国内用于市政中水生产的主要产品或技术如下：

一、超滤

过滤精度在0.001~0.1μm。是一种利用压差的膜法分离技术，可滤除水中的铁锈、泥沙、悬浮物、胶体、细菌、大分子有机物等有害物质。超滤工艺中水的回收率高达95%以上，并且可方便地实现冲洗与反冲洗，不易堵塞，使用寿命相对较长。

二、纳滤(NF)

过滤精度介于超滤和反渗透之间，脱盐率比反渗透低，是一种需要加电、加压的膜法分离技术，水的回收率较低。一般用于工业纯水制造。

三、反渗透

过滤精度为0.0001μm左右，一般用于纯净水、工业超纯水、医药超纯水的制造。

四、电渗析

1. 电渗析(ED)

电渗析(ELectrodiaLysis)过程是一种电驱动过程，以选择性离子交换膜为分离介质，以直流电场作为驱动力，可将电解质离子组分从水溶液和其他不带电组分中分离出来。在电渗析过程中，仅有离子通过交换膜，而溶剂是不通过膜的。

2. 频繁倒极电渗析(EDR)

在1970年，GE公司在电渗析的基础上，开始研发并生产了频繁倒极电渗析(ELectrodiaLysisReversaL，缩写EDR)系列产品。EDR每隔10~30min自动倒换电极极性，并同时自动改变浓、淡水水流流向的电渗析。

EDR通过运行时不断地倒极，在去除水中的污染离子的同时，降低二价离子对膜的污染，延长了离子交换膜的使用寿命。其最大的优点在于：系统回收率高，可达85%~95%；能耗低，机组工作压力小于3.5bar(1bar=10^5Pa)；机组除盐率可高达95%；离子交换膜抗污染能力强，使用寿命长达7~10年。

3. 填充床电渗析(ELectro Deionization，缩写EDI)

EDI是在电渗析器的淡化室中填充离子交换树脂而成，将电渗析、离子交换和电化学再生三者结合成一个整体，一般用于高纯水的制备。

原理：在电渗析淡水室的阴离子交换膜和阳离子交换膜之间填充离子交换剂(颗粒、纤维或编织物)，将电渗析和离子交换内在的联合成一体。淡水隔室中离子交换剂的导电能力比所接触的水要高2~3个数量级，由于交换剂不断发生交换作用与再生作用，形成离子通道，结果使淡水室体系的导电率大大增加，从而减弱了电渗析的极化现象，提高了电渗析的极限电流密度，达到水的深度纯化。

五、离子交换

离子交换剂上的离子和水中的离子进行交换的一种特殊吸附现象，是采用离子交换剂，使交换剂和水溶液中可交换离子之间发生等物质量规则的可逆性交换，导致水质改变而离子交换剂的结构并不发生实质性变化的水处理方式。常用的离子交换剂为离子交换树脂，其通常为固体球形颗粒，多孔网状结构，不溶于水，具有离子交换特性的有机高分子聚电解质。

第三节 中水利用案例

由于不同地域或区域水质的区别，外加所需产品水质的不同，造成设计思路存在差异，具体情况如下。

一、低含盐市政污水（*TDS*<1000mg/L）

做循环水补水工艺。

主要工艺：多介质+超滤+软化

二、高含盐市政污水（*TDS*≥1000mg/L）

主要工艺：多介质+超滤+反渗透+离子交换

案例 1：某石化企业引入市政中水制备一级除盐水用于热电高压锅炉（RO 反渗透膜分离法+离子交换法）

1. 工艺流程

本工艺以达到地方排放标准的市政污水为水源，包括了三个阶段的净化处理过程。第一阶段为超滤系统（辅以多介质过滤为预处理，即 MMF+UF），第二阶段为反渗透（RO）系统，第三阶段为离子交换系统（阳床+阴床）。工艺流程图如图 6-1 所示。

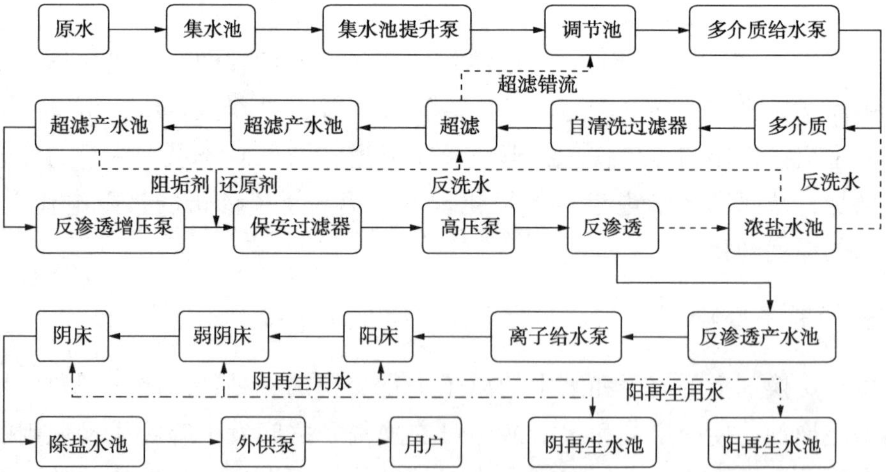

图 6-1 市政中水制备工艺流程图

2. 系统工作原理

原水在一定的压力经多介质过滤器，利用一种或几种过滤介质截留原水中的悬浮杂质使水澄清后，通过超滤膜，超滤膜表面密布的许多细小的微孔只允许水及小分子物质通过而成为透过液，达到净化水质的作用，而原水中体积大于膜表面微孔径的物质则被截留在膜的进液侧，成为浓缩水回流再次处理。

原水经超滤处理后，利用水泵加压进入反渗透机组。反渗透是一种利用压力差为动力的膜分离过滤技术，通过膜的选择型将 H_2O 与水中的无机盐、重金属离子、有机物、胶体、细菌、病毒等杂质分离，从而使出水净化达到进入阴阳床的要求。

阴、阳床内装填一定的离子交换剂，它不溶于水，也不溶于电解质水溶液，但能与水溶液中无机盐离子进行离子交换。阳床吸附水中的带正电荷的离子，释放 H^+，阴床吸附水中带负电荷的离子释放 OH^-，H^+ 与 OH^- 结合后生产水，从而达到净化水的目的。

3. 主要技术及其参数

① 原水水质

水源采用达到 GB 18918—2002《城镇污水处理场污染物排放标准》一级 A 要求的市政污水处理场的排放水。由于市政污水水质、水量随季节、天气等影响波动较大，对设备运行适应性的要求极高。水源水质标准见表 6-1。

表 6-1　市政污水处理场排水水质

项目名称	单位	数值
BOD	mg/L	10
COD	mg/L	50
动植物油	mg/L	1
石油类	mg/L	1
阴离子表面活性剂	mg/L	0.5
pH	6~9	
总氮(以 N 计)	mg/L	15
氨氮(以 N 计)	mg/L	5(8)
总磷(以 P 计)	mg/L	1
色度		30
SS	mg/L	10
类大肠菌群	个/L	10^3

② 产水水质

产水水质要求共计有 10 项指标(具体值见表 6-2)，实际产水水质远好于一级除盐水水质标准要求。运行初期，除去温度这一项外，其中有 6 项产水水质要求的指标去除率达到 100%，有 3 项产水水质指标的完成率平均为 90% 以上。水质的优良、稳定，可以使锅炉设备运行负荷降低，再生周期延长，节省能耗物耗，从而有效降低运行成本，节约资金。

表 6-2 市政中水水质

项目名称	单位	要求数值	实际数值
浊度	NTU	≤1	0
游离余氯	mg/L	≤0.1	0
COD_{Mn}	mg/L	≤2	0
水温	℃	5~35	20
Fe^{3+}	μg/L	≤50	0
Cu^{2+}	μg/L	≤10	0
油	mg/L	0	0
Na^{+}	μg/L	≤300	平均值：15
SiO_2	μg/L	≤100	平均值：12
电导率	μS/cm	≤5	平均值：0.25

三、处理工艺过程

1. 多介质过滤

多介质过滤器利用一种或几种过滤介质，在一定的压力下把浊度较高的水通过一定厚度的粒状或非粒材料，从而有效地除去悬浮杂质使水澄清。本系统共设置 12 台多介质过滤器装置，单台出力 $90m^3/h$。

系统反洗：多介质系统反洗水是利用反渗透浓水进行反洗，因此多介质系统自耗水率为零。

2. 超滤

超滤装置是本工艺的重要装置，采用膜天膜公司的 UF 4 型的膜，过滤精度可达到 0.3μm，有效地去除水中的悬浮物、胶体、大分子有机物、微生物等污染物。超滤装置膜元件的基本参数情况见表 6-3。

表 6-3　UF 4 型膜组件性能参数表

性能	纯水初始通量(25℃，0.1MPa)		6000~7000L/h
	产水浊度		≤0.2NTU
	悬浮物(*SS*)		≤1mg/L
	大肠杆菌群		不得检出
规格	膜丝过滤形式		外压式
	膜材质		PVDF(聚偏氟乙烯)
	中空纤维内径		0.6mm
	中空纤维外径		1.1mm
	纤维黏接材料		环氧树脂
	外壳材料		UPVC
	膜表面积		$40m^2$
	切割相对分子质量/截留孔径		0.03μm
使用条件	标准设计通量(20℃，0.1MPa)		1500~3000L/h
	最大进水压力		0.3MPa
	最大进水流量		6000L/h
	最大跨膜压差		0.15MPa
	使用温度范围		5~45℃
	酸碱度 pH 范围		2~10
	运行方式		错流过滤
	最大反洗水流量		3000L/h
典型工艺条件	控制方式		恒流量
	气洗流量		$2.5\sim5.0m^3/(h\cdot支)$
	气洗进气压力		≤0.03MPa
	反洗水压力		0.03~0.05MPa
	反洗水流量	气水双洗时	$0.3\sim1.0m^3/(h\cdot支)$
		只用水反洗时	$2.0\sim3.0m^3/(h\cdot支)$
	反洗时间	气水双洗时	20~60s
		只用水反洗时	20~60s
	正冲流量		$2.0\sim3.0m^3/(h\cdot支)$
	正冲时间		20~60s
	产水量设定		2000L/h
	使用压力		0.03~0.2MPa
	化学正洗周期		3~12 周(视水质情况定)
	在线水清洗周期		50~90s/20~60min

本系统共设置6套超滤系统，5用1备，单套出力175m³/h。超滤浓水经管线输送至系统前端，再处理、利用；超滤反洗是利用反渗透浓水进行反洗，化学清洗是利用离子交换器再生废酸、碱进行清洗。

另外，在超滤前设置自清洗过滤器，利用滤网直接拦截水中的杂质，去除水体悬浮物、颗粒物，降低浊度，净化水质，减少系统污垢、菌藻、锈蚀等产生，以净化水质及保护超滤系统其他设备正常工作。水由进水口进入自清洗过滤器机体，采用智能化(PLC、PAC)设计，系统可自动识别杂质沉积程度，向排污阀发出信号实现自动排污。本系统共设置4台流量为300m³/h的自清洗过滤器，过滤器反冲洗流量为40m³/h，反冲洗时间为15s，反冲洗水量约为160L。

3. 反渗透

反渗透系统是本流程中最主要的脱盐装置，为保证系统运行的安全性和灵活性，反渗透系统采用二段配置。反渗透系统包括保安过滤器、反渗透膜组、冲洗系统、清洗系统及控制仪表几个部分。现分述如下：

保安过滤器的作用是截留来自前级产水泄漏的或外界带入的大于5μm的颗粒进入反渗透系统。这种颗粒经高压泵加速后可能击穿或划伤反渗透膜元件，造成大量漏盐的情况，同时还可能划伤高压泵的叶轮。保安过滤器采用不锈钢SS304外壳，滤棒是由聚丙烯熔喷制成，锥形结构，深层过滤。保安过滤器中的滤元为可更换滤棒，当过滤器进出口压差大于0.1MPa时予以更换。系统共设置6台保安过滤器，单台出力173m³/h，每台保安过滤器内安装90支滤芯。

反渗透膜组是整个脱盐系统的核心部分，负责脱除水中的可溶性盐分、胶体、有机物及微生物，反渗透装置的膜组件采用增强型低污染高脱盐率高产水量的复合膜。

工艺原理：反渗透亦称逆渗透(RO)，是用一定的压力使溶液中的溶剂通过反渗透膜(或称半透膜)分离出来。因为它和自然渗透的方向相反，故称反渗透。根据各种物料的不同渗透压，就可以使大于渗透压的反渗透法达到分离、提取、纯化和浓缩的目的。

本系统共设置6套反渗透系统，5用1备，单套出力125m³/h。反渗透系统采用的是陶氏化学的反渗透膜元件，具有抗污染能力强、运行稳定、使用寿命长等的特点。反渗透膜进水水质要求和反渗透装置性能参数分别见表6-4和表6-5。

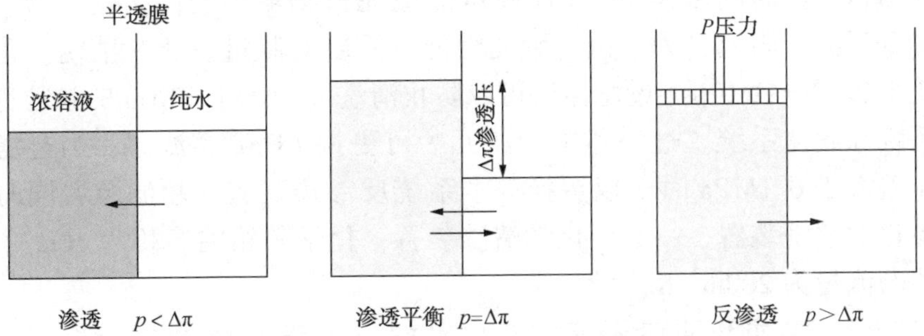

表 6-4 反渗透进水水质要求

项　目	水质标准	项　目	水质标准
最高进水温度	45℃	进水最高 *SDI*(15min)	<5
pH	2.0~11.0	最高进水自由氯浓度	$<0.1\times10^{-6}$
最高操作压力	4.1MPa		

表 6-5 反渗透装置性能参数

项　目	标　准	项　目	标　准
工作压力	0.7~1.6MPa	回收率	75%
标准水温	25℃	进水 pH	6.5~8.5
产水量	$6\times127m^3/h$	进水 *SDI*	<5.0

4. 离子交换装置

离子交换剂是一种多孔网状固体，不溶于水，也不溶于电解质水溶液，但能从水溶液中吸取无机盐离子而进行离子交换。离子交换剂是由一个固体的极大带电基团和另一个可置换的离子所组成，离子交换作用实质上是一种水溶液中的电解质和不溶性电解质的固、液两相接触时所进行的复分解反应。离子交换是可逆的，逆反应称之为再生，离子交换剂再生后可反复使用。

本系统离子交换装置共设置 7 座阳床、7 座弱阴床、7 座阴床，5 用一备，每台离子交换器设计出力 $125m^3/h$，并且阳床、弱阴床、阴床各设置 1 座空罐，作为检修罐。

5. 化学清洗和废液的再利用

按照经济、环保的原则，本系统对离子交换再生废液进行回收再利用，用于弱阴床的再生、超滤设备清洗，以及来水 pH 值的调节等。同时为了更高的利用水资源，减少自耗水率，把离子交换正洗水经管线送至前工艺过程实现再利用。

在运行一段时间后，UF、RO 膜可能被无机物垢、胶体、微生物、金属氧化物等污染或阻塞，为了恢复膜的性能，需要对膜进行化学清洗。化学清洗系统设置了一台 10μm 过滤器，可以防止清洗液中大于 10μm 的颗粒进入反渗透系统和超滤系统。过滤器中的滤元为可更换 PP 喷容滤芯，当过滤器进出口压差大于 0.1MPa 时予以更换。本系统反渗透装置、超滤装置同时配有一套碱化学清洗装置、一套酸化学清洗装置，化学药箱的容积为 $10m^3$，保安过滤器的流量为 $200m^3/h$。

案例 2：某市桥东污水处理厂中水回用工程

某市桥东污水处理厂日处理城市污水 $50\times10^4m^3/d$，处理工艺采用 AO 脱氮工艺，处理深度为二级，出水水质执行国家 GB 8978—1996《污水综合排放标准》二级标准。某炼化企业利用来自某市桥东污水处理厂的市政中水，采用“高密度澄清池+臭氧+BAF+V 形滤池+自清洗过滤器+超滤+反渗透工艺”处理后回用于水处理站补充水。

1. 市政中水设计进出水水质(表 6-6、表 6-7)

表 6-6　市政中水设计进水水质表

名　称	单　位	设计进水水质
pH	—	6~9
电导	μS/cm	2200~2640
总硬度	mg/L	442~489
色度	倍	150~225
氨氮	mg/L	5.7~34.1
浊度	NTU	8~12.2
COD_{Cr}	mg/L	72~215

表 6-7　市政中水设计出水水质

名　称	单　位	设计出水水质
pH	—	6.5~7.2
电导	μS/cm	≤100
总硬度	mg/L	≤50
浊度	NTU	≤0.3
游离余氯	mg/L	≤0.1
总铁	mg/L	≤0.3
SiO_2	mg/L	≤1
COD_{Mn}	mg/L	≤2

2. 工艺路线

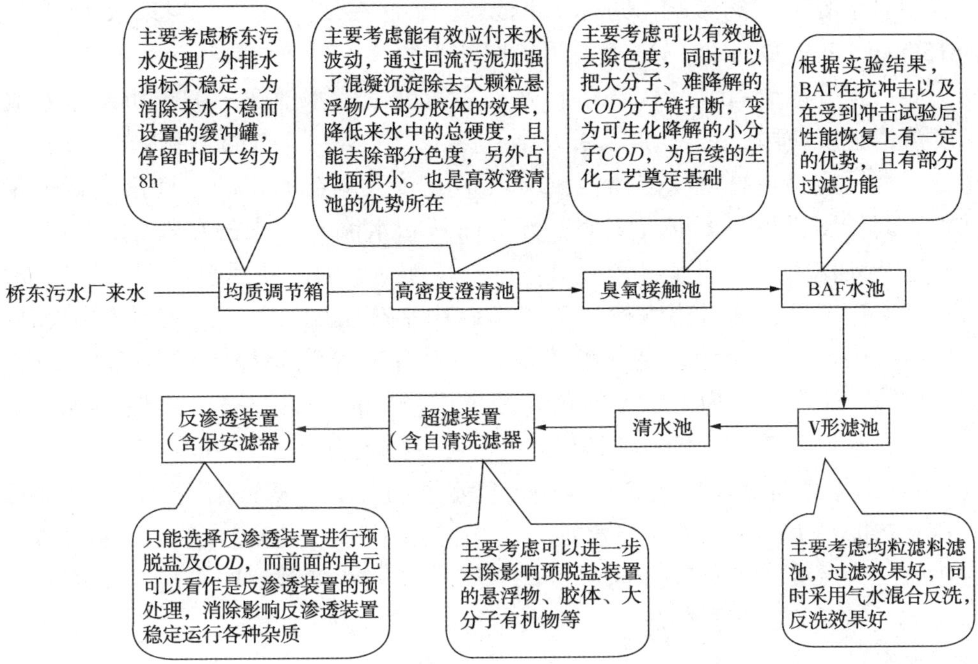

工艺说明：

某市桥东污水处理厂虽然属于市政污水处理厂，但因为接收较高比例的工业污水(特别是制药污水)，处理后出水色度高、硬度高、盐度较大、*COD*在120mg/L左右，且水质波动较为频繁，与其他传统市政污水处理厂二级出水特性有明显区别，给实现中水回用带来较大的技术难度。结合1年多中试实验结果和相关设计标准规范要求，将某市桥东污水处理厂出水深度处理回用的工艺流程确定为：

桥东污水场市政中水→均质调节水池(T-101)→提升泵(P-101A/B)→市政中水高密度澄清池(T-103)→市政中水澄清水池(T-109)→市政中水澄清水泵(P-109A/B)→臭氧接触池(T-110)→臭氧缓冲池(T-111)→曝气生物滤池进水泵(P-111A/B)→曝气生物滤池(T-112A~H)→V形滤池(T-113A/B)→清水池(T-116)→清水泵(P-113A~C)→自清洗过滤器(FI101A~D)→超滤装置(UF-101A~D)→超滤产水池(T-118)→反渗透增压泵(P-116A~D)→保安过滤器(FI-102A~C)→高压泵(P-117A~C)→反渗透装置(RO-101A~C)→回用水池(T-119)→市政中水回用泵(P-118A~C)→水处理站。

由桥东污水处理场供给厂内的市政中水，压力0.15MPa，进入均质调节水池T-101。均质调节水池设计停留时间约8h，消除桥东污水处理厂排水水质波动对系统造成的影响。进水管网设置*COD*在线监测仪，当来水*COD*达到150mg/L时，进水阀门自动关闭，切断水源。

经过提升泵P-101A/B升压后进入高密度澄清水池T-103。市政中水高密度澄清池反应段，依次加入石灰乳、聚铁、PAM，在回流污泥的作用下，充分混合反应，在高密度澄清池推流段形成较大颗粒的矾花。在澄清区，依靠重力的作用，污泥下沉澄清池底部，而随着水流升上来的颗粒则利用斜管的浅池沉淀作用，截留在斜管壁上，且颗粒逐渐增大，然后沉淀到池子底部。清水则缓慢上升，通过集水槽溢流出市政中水高密度澄清池，经硫酸中和后进入市政中水澄清水池。高密度澄清池的作用就是去除原水中的部分硬度、*SS*、*COD*、浊度等，为下一步的预处理提供较好的条件。高密度澄清池处理后的水经泵提升输送至臭氧接触池，臭氧接触池有效水深6m，底部安装钛板+不锈钢曝气器，在臭氧接触池中，气水逆向接触，臭氧化气通过曝气器形成60~70μm的气泡，充分与水混合，去除水中部分*COD*、色度，改善*B/C*的比值，为后续的生化部分创造条件。同时在臭氧接触池中未能完全溶解的臭氧化气经臭氧破坏器破坏后，排入大气。

水经臭氧接触池后，会残留部分溶解的臭氧，如果直接进入生化部分，可能会对微生物造成冲击。臭氧缓冲池（设计停留时间90min）则是利用臭氧的半衰期只有20min的特点，消除处理后水中臭氧残余量。

臭氧氧化后的污水经泵提升，进入曝气生物滤池，在曝气生物滤池中，气水从底部进入，同向接触，利用反应器内填料上生长的生物膜中微生物的氧化分解作用、填料及生物膜的吸附截留作用、沿水流方向形成的食物链分级捕食作用以及生物膜内部微环境和厌氧段的反硝化作用分解水中的*COD*、氨氮及*TP*，同时去除部分*SS*。

曝气生物滤池出水自流进入V形滤池，可去除经生化产生的*SS*、浊度，保证进入双膜的浊度≤3NTU；出水达到进入双膜的要求。

V形滤池的滤后水自流入V形滤池反洗水池，反洗水池通过溢流堰收集于清水池，充分保证V形滤池反洗用水。曝气生物滤池和V形滤池反洗水源采用V形滤池产水。

处理后的清水经泵提升，进入超滤系统，本项目采用内压式超滤膜，污水从膜丝内部进入，*SS*、浊度截留在膜丝内部，滤后水汇集在膜壳里，流入超滤水池。超滤系统设置反洗水泵、反洗水加药泵及化学清洗系统，定期对超滤膜进行反洗、化学加强反洗、化学清洗。

经超滤处理的水浊度降至1NTU以下，*SDI*降至5以下，经增压泵提升进入保安过滤器过滤，高压泵升压，进入反渗透系统，依靠反渗透膜在压力下使溶液中的溶剂与溶质分离作用，达到脱除盐分及降低*COD*的目的，反渗透分一级两段，按18：9排列，反渗透产水进入除盐水池，浓水进入RO浓水池。

市政中水深度处理各单元水质设计指标见表6-8。

表6-8　市政中水深度处理各单元水质指标

项目	单位	数值					
		均质池	高密度澄清池	臭氧接触池	BAF	V形滤池	UF+RO
电导率	μS/cm	2500	2500	2500	2500	2500	<100
COD	mg/L	120	100	80	50	45	<2（COD_{Mn}）
色度	度	200	150	25	25	25	<5
总硬度	mg/L	600	280	280	280	280	<50
总碱度	mg/L	400	80	80	80	80	<20
氨氮	mg/L	20	20	20	<5	<5	<5

第七章 淡化海水利用

我国大型石化基地项目呈沿海布局特点明显。石化行业是高耗能、高耗水行业，水资源短缺已成为影响石化产业规模化发展的制约因素之一。要推行石化行业循环经济、产业化发展就要优先考虑水资源的综合利用。尤其是沿海石化企业，应结合区域布局特色、水资源消耗水平、海水利用天然优势等特点，优先推广海水利用。为此，可以提高资源综合利用程度，降低水资源消耗水平，降低沿海水资源供应压力，缓解滨海城市缺水问题，从而增强石化行业竞争力。

从技术方面来看，随着海水淡化技术不断成熟，在产水率、能耗率、结垢、膜寿命延长等问题上都有了突破性的发展，同时由于海水淡化规模增大，设备国产化进程加快，采取电水联产、联合运作、综合利用的海水淡化模式以及海水淡化集成方法，充分合理利用能量以及充分发挥各种方法的特长，进而提高产量，使得海水淡化水的价格越来越低。在高耗水行业如大型石化项目、电厂等推广海水淡化，经济效益将越来越显著，市场潜力将充分体现。

第一节 淡化海水水质特点

一、海水的组成

海水的组成成分复杂，元素种类很多，目前仅测定了 80 多种，这些元素构成了海水中各种有机物和无机物。海水中的化学元素虽多，但其含量差别极大。除了组成水的氢和氧以外，每千克海水中含量在 1mg 以上的元素只有 12 种，即氯、钠、镁、硫、钙、钾、溴、碳、锶、硼、硅和氟，它们约占海水中全部元素含量的99.9%，一般称为“主要元素”。它们形成了5种阳离子Na^+、K^+、Ca^{2+}、Mg^{2+}和Sr^{2+}，以及6种阴离子Cl^-、SO_4^{2-}、Br^-、HCO_3^-、CO_3^{2-}和F^-，共11种离子成分，分别称为海水中大量元素和主要成分。由于这些成分在海水中的含量较大，各成分浓度间的比值近似恒定，在海水中性质比较稳定，又称为保守元素，其中的Si虽然含量超过1mg/L，但由于其含量受生物活动的影响较大，性质也不稳定，不属于保守元素。除12种大量元素之外的其他几十种元素，其含量很低，一般称为“微量元素”或“痕量元素”。海水的主要离子组成见表7-1和表7-2。

海水中的元素除了以离子状态存在以外，也有以络合体形式存在的，表7-2所列为海水中主要离子自由态和络合态分配，可见海水中阳离子Na^+、K^+、Mg^{2+}和Ca^{2+}以自由离子形态存在数量分别占总量的98.4%、97.6%、70.2%和48.6%，阴离子Cl^-、SO_4^{2-}、F^-和CO_3^{2-}以自由离子形态存在数量分别占离子总量的97.6%、45.1%、50.2%、2.95%。

表7-1　海水中主要离子组成

离子	含量/(g/kg)	氯度比值	离子	含量/(g/kg)	氯度比值
Cl^-	19.354	0.9989	Na^+	10.77	0.5560
$SO_4{}^{2-}$	2.712	0.1400	Mg^{2+}	1.290	0.0665
Br^-	0.0673	0.00347	Ca^{2+}	0.4121	0.02127
F^-	0.0013	0.000067	K^+	0.399	0.0206
HCO_3^-	0.142	0.00735	Sr^{2+}	0.0079	0.00041
B(总量)	0.0045	0.000232			

注：*S*为盐度，*S*=35。

表7-2　海水中主要离子自由态与络合态分配

项目	Na^+	K^+	Mg^{2+}	Ca^{2+}
自由离子M/%	98.4	97.6	70.2	48.6
MCl/%	—	—	18.2	31.8
MSO_4/%	1.56	2.33	11.2	19.3
MF/%	—	—	0.07	0.01
MCO_3/%	0.01	0.02	0.16	0.11
$MHCO_3$/%	0.05	0.08	0.14	0.10
$MB(OH)_4$/%	—	—	0.03	0.02
合计/%	100.02	100.03	100.00	99.94

续表

项目	Cl^-	SO_4^{2-}	F^-	CO_3^{2-}	$B(OH)_4^-$
自由离子 A/%	97.6	45.1	50.2	2.95	15.2
H_2A/%	—	—		0.56	—
HA/%	—	—	—	75.4	81.4
NaA/%	—	25.9	—	2.22	—
KA/%	—	0.85	—	0.07	—
MgA/%	1.77	21.1	47.8	3.66	3.06
CaA/%	0.60	7.05	1.99	0.49	0.41
NaHA/%	—	—	—	10.5	—
KHA/%	—	—	—	0.34	—
MgHA/%	—	—	—	3.31	—
CaHA/%	—	—	—	0.44	—
合计/%	99.97	100.00	99.99	99.94	100.07

注：M 代表阳离子，如 Na^+、K^+、Mg^{2+}、Ca^{2+}；A 代表阴离子，如 Cl^-、SO_4^{2-}、F^-、CO_3^{2-}、$B(OH)_4^-$。

二、海水的主要性质

1. 海水的氯度(Cl)

氯度定义为：1kg 海水中，将溴、碘以氯置换后其所含氯的总质量(g)。

在海洋学研究中，由于氯度的测定比较简便和准确，因此主要成分间浓度的比值，都以“氯度比值”表示。氯度比值，指海水中各主要化学成分与海水氯度的比值。大量的海洋调查结果表明，不同区域的大洋水的氯度比值，基本上是恒定的。但由于氯度比值或多或少受海洋中的化学、物理、生物过程以及海水的一些物理化学性质的影响，其氯度比值均有一定变动范围。利用海水各主要成分氯度比值的变动范围，可以近似地估计出海洋学中各种经验公式的准确度。

2. 海水的盐度(S)

盐度定义为：1kg 海水将溴、碘以氯置换，碳酸盐变为氧化物，有机物全部氧化后，其所含固体的总质量(真空中质量，g)。

实际上，盐度是指海水中全部溶解物质与海水质量之比，通常以每千克海水中所含的溶解物质的克数来表示。世界海洋的平均盐度约为 35‰，就海洋表面而言，盐度主要与降水量、蒸发量有关。降水量比蒸发量大的海区，盐度小；反之盐度大。

海水盐度的分布与变化，主要与海区的盐量平衡有关。对于外海或大洋来讲，影响盐度的主要因子有蒸发、降水、环流、水团以及海水混合等。我国四大海域盐度及分布特点见表 7-3。

表 7-3　各海域盐度及分布特点

海域	表层盐度年平均	分布特点
渤海	29.0‰~30.0‰	渤海盐度最低，冬季的等盐线分布趋势基本上与海岸平行，盐度值由海岸向外、自西向东递增。渤海海峡北部又高于南部，其中辽东湾为 29.0‰ ~ 30.0‰，渤海湾为 28.0‰ ~ 29.0‰，莱州湾为 27.0‰~28.0‰
东海	32.0‰~34.0‰	东海盐度比黄、渤海均高。长江口、杭州湾及浙闽沿岸的盐度较低，最低盐度为 5.0‰左右，以长江口到杭州湾为中心，形成一个半圆形的淡水区。西部表层盐度在 31.0‰以下，黑潮区在 34.5‰以上，浙闽沿岸为低盐区
南海	32.5‰~34.0‰	盐度分布地区差异小，分布较均匀。海区中央终年出现高盐。南海中部盐度为 33.2‰~33.6‰，南部为 32.0‰~33.0‰，广东沿岸为 30.0‰~32.0‰，北部湾为 32.0‰~33.0‰
黄海	30.0‰~32.0‰	盐度分布主要取决于黄海暖流高盐水的消长。北黄海表层盐度为 29.0‰~31.0‰，南黄海东侧为 31.0‰~32.0‰，西侧为 30.0‰~31.0‰，中央为 32.0‰~34.0‰

3. 海水的密度

海水密度的定义为：单位体积内所含海水的质量，其单位是 g/cm^3（或 kg/m^3）。

习惯上使用的密度是指海水的比重，即指在一个标准大气压下，海水的密度与 3.98℃的蒸馏水密度之比。因此在数值上密度和相对密度是相等的。海水的密度状况，是决定海流运动的最重要因子之一。

对于不同海区海水密度不同，这取决于海水中的含盐量。表 7-4 所列为不同盐度下的几个典型海水密度。

表 7-4　不同温度和盐度下海水的密度

S	t/℃	$P/10^5$Pa	ρ/(kg/m^3)
0	5	0	999.96675
	5	1000	1044.12802
0	25	0	997.04796
	25	1000	1037.90204
35	5	0	1027.67547
	5	1000	1069.48914
35	25	0	1023.34306
	25	1000	1062.53817

4. 海水黏度

液体在流动时，在其分子间产生内摩擦的性质，称为液体的黏性，黏性的大小用黏度表示，是用来表征液体性质相关的阻力因子。不同盐度海水在不同温度下的黏度见表 7-5。

表 7-5　不同盐度海水在不同温度下黏度　　mPa·s

盐度＼黏度＼温度	0℃	6℃	12℃	16℃	20℃	26℃	30℃
0	1.7916	1.4725	1.2349	1.1087	1.0020	0.8703	0.7975
10	1.8180	1.4968	1.2576	1.1404	1.0228	0.8900	0.8165
20	1.8445	1.5208	1.2794	1.1513	1.0424	0.9082	0.8339
25	1.8579	1.5327	1.2903	1.1614	1.0522	0.9172	0.8426
30	1.8713	1.5448	1.3012	1.1717	1.1619	0.9263	0.8513
32	1.8767	1.5497	1.3057	1.1758	1.0658	0.9300	0.8547
36	1.8867	1.5594	1.3146	1.1841	1.0737	0.9372	0.8617
42	1.9041	1.5741	1.3278	1.1967	1.0857	0.9483	0.8721

5. 海水渗透压

渗透压是在溶液和水置于中间安置选透膜的 U 形管中一端施加阻止水渗透的压力。渗透压的大小和溶液的体积摩尔浓度、溶液温度和溶质解离度等相关。不同温度和盐度下海水渗透压见表 7-6。

表 7-6　不同温度和盐度下海水渗透压　　10^5Pa

温度/℃＼渗透压＼盐度	5	10	15	20	25	30	35	40
0	3.341	6.616	9.905	13.231	16.602	20.033	23.537	27.124
5	3.403	6.743	10.103	13.500	16.949	20.460	24.046	27.828
10	3.464	6.866	10.292	13.761	17.283	20.875	24.544	28.306
15	3.552	6.985	10.473	14.010	17.063	21.267	25.017	28.850
20	3.597	7.100	10.649	14.249	17.911	21.643	25.462	29.879
25	3.643	7.212	10.820	14.480	18.208	22.007	25.896	29.887
30	3.688	7.319	10.983	14.702	18.492	22.354	26.309	30.371
35	3.741	7.424	11.143	14.919	18.762	22.685	26.703	30.829
40	3.792	7.525	11.297	15.127	19.025	23.009	27.087	31.272

6. 海水蒸气压

不同温度和盐度下海水的蒸气压见表 7-7。

表 7-7　不同温度和盐度下海水蒸气压　　mmHg

盐度 蒸汽压 温度/℃	0	5	10	15	20	25	30	35	40
0	4. 5805	4. 5682	4. 5566	4. 5447	4. 5528	4. 5207	4. 5084	4. 4959	4. 4831
5	6. 5409	6. 5236	6. 4896	6. 4725	6. 4551	6. 4551	6. 4375	6. 4196	6. 401
10	9. 2078	9. 1834	9. 1355	9. 1113	9. 0868	9. 0868	9. 0619	9. 0365	9. 011
15	12. 789	12. 755	12. 689	12. 655	12. 621	12. 621	12. 586	12. 551	12. 515
20	17. 539	17. 493	17. 401	17. 355	17. 308	17. 308	17. 261	17. 212	17. 162
25	23. 766	23. 642	23. 580	23. 517	23. 453	23. 453	23. 388	23. 323	23. 255
30	31. 841	31. 674	31. 591	31. 506	31. 421	31. 421	31. 334	31. 245	31. 155
35	42. 201	41. 980	41. 870	41. 758	41. 645	41. 645	41. 530	41. 412	41. 292
40	55. 364	55. 074	54. 930	54. 763	54. 763	54. 634	54. 483	54. 329	54. 171

7. 海水中的溶解气体

海水中溶解有多种气体，含量多的为二氧化碳、氮和氧(表 7-8)。空气中的稀有气体氩气、氦气和氖气，在海水中也有微量的存在。

表 7-8　海水中溶解的气体

气体	CO_2	N_2	O_2	Ar
含量/(mg/L)	102. 5	12. 82	8. 05	0. 479

溶解在海水中的二氧化碳，与淡水中的情况不同。淡水中的二氧化碳，主要以游离状态存在，可用煮沸或减压的方法驱除。溶解在海水中的二氧化碳，除少量的游离形式外，主要以碳酸根和碳酸氢根离子形式存在，需加入强酸方可逐出。

海水中的二氧化碳，与海水的 pH 有密切关系。海水的 pH 值范围在 7. 5~8. 4 之间。当海水中的二氧化碳与大气中的二氧化碳取得平衡时，pH 值一般在 8. 1~8. 3 之间，海面或海面附近的海水，pH 值一般较高。而在二氧化碳含量较高的海水中，pH 值接近于 7. 5 的最低值。

第二节　海水淡化处理技术

海水淡化又称海水脱盐，是将海水中的盐和水分离，从海水中获取淡水的技术和过程，通过物理、化学或物理化学方法等实现从海水中取出水，或除去海水中的盐，从而达到海水淡化的目的。

海水淡化的主要途径有两条：一是从海水中取出水的方法；二是从海水中取出盐的方法。前者有蒸馏法、反渗透法、冰冻法、水合物法和溶剂萃取法等；后者有离子交换法、电渗析法、电容吸附法和渗透压法等(表 7-9)。到目前为止，实际规模应用的仅有蒸馏法、反渗透法和电渗析法。

表 7-9　海水淡化的方法

<table>
<tr><th>类　别</th><th colspan="2">方　法</th></tr>
<tr><td rowspan="7">从海水中分离水</td><td colspan="2">蒸馏法
1. 多级闪急蒸馏法
2. 多效蒸发法
3. 蒸汽压缩蒸馏法
4. 太阳能蒸馏法
5. 多级-多效联合蒸馏法
6. 膜蒸馏</td></tr>
<tr><td>冷冻法
1. 间接冷冻法
2. 直接冷冻法</td><td rowspan="2">结晶法</td></tr>
<tr><td>水合物法</td></tr>
<tr><td>溶剂萃取法</td><td></td></tr>
<tr><td>反渗透法</td><td rowspan="3">膜法</td></tr>
<tr><td>正渗透法</td></tr>
<tr><td>电渗析法</td></tr>
</table>

<table>
<tr><td rowspan="2">从海水中分离盐</td><td>电渗析法</td><td>膜法</td></tr>
<tr><td>离子交换法</td><td></td></tr>
</table>

一、海水淡化常用技术

海水淡化技术的种类很多，主要淡化方法见表 7-10。

表 7-10 海水主要淡化方法

海水主要淡化方法	概　况
蒸馏法	(1)多级闪急蒸馏(Multi-Stage Flash distillation, MSF) 又称多级闪蒸，是经过加热的海水，依次通过多个温度、压力逐级降低的闪蒸室，进行蒸发冷凝的蒸馏淡化方法
	(2)多效蒸馏(Multiple Effect Distillation, MED) 在单效蒸馏的基础上发展起来的蒸发技术，分低温和高温多效蒸馏。低温多效蒸馏是指盐水的最高蒸发温度不超过 70℃的海水淡化工程，是用一定量的蒸汽通过多次的蒸发和冷凝从而得到多倍于加热蒸汽量的淡化过程
	(3)蒸汽压缩蒸馏(Vapor Compression distillation, VC) 是将蒸发产生的二次蒸汽绝热压缩，再返回蒸发器作为加热蒸汽，同时冷凝成淡水，以提高热能利用率的蒸馏淡化方法
	(4)太阳能蒸馏(Solar Distillation, SD) 蒸馏时其能力来自太阳的辐射，即直接或间利用太阳能进行海水淡化的方法
反渗透 (Reverse Osmosis, RO)	在压力驱动下，溶剂通过半透膜进入膜的低压侧，而溶液中的其他组分(如盐)被阻挡在膜的高压侧并随浓水排出，从而达到有效分离盐、水的过程
电渗析 (Electrodialysis, ED)	以直流电为推动力，利用阴、阳离子交换膜对水溶液中阴、阳离子的选择透过性，使一水体中的离子通过膜转移到另一水体中的分离过程
冷冻法 (freezing desalination)	海水结冰后，冰中含盐量很低，将冰分离融化而得淡水的过程
水合物法 (hydrate desalting process)	使低碳烃在一定条件下与海水中的水成水合物，再从这种水合物中获得淡水的过程
电容吸附法	连接在金属、石墨等集电极上的一对活性炭电极，在外加直流电压使含有离子的原水通过期间，通过静电力把液体中的正、负离子成分，分别吸向负、正电极(充电)，在吸附达到饱和状态的适当时刻，让两极短路或者反过程接触(放电)，吸附的离子发生脱附，从而达到去除脱盐、淡化的目的
溶剂萃取法	用于海水淡化有两条途径：一是利用萃取剂除去海水中的盐而得淡水，鉴于海水组成的复杂性，至今还不能应用少数几种溶剂，很简便地达到这一目的；二是用萃取剂萃取海水中的水，再使溶剂与水分离而得到淡水，这是目前实际采用的方法
膜蒸馏法 (Membrane Distillation, MD)	是膜技术与蒸馏过程相结合的分离过程。膜的一侧与热的待处理溶液直接接触(称为热侧)，另一侧直接或间接地与冷的水溶液接触(称为冷侧)，热侧溶液中易挥发的组分在膜面处汽化通过膜进入冷侧并被冷凝成液相，其他组分则被疏水膜阻挡在热侧，从而实现混合物分离或提纯的目的
正渗透 (Forward Osmosis, FO)	指水通过选择性透过膜从高水化学势区域向低水化学势区域的传递过程

在上述方法中，反渗透、低温多效蒸馏和多级闪蒸海水淡化技术是国际上已商业化应用的主流海水淡化技术。

1. 反渗透技术(RO)

反渗透的原理是在浓液一边加上比自然渗透压更高的压力，改变渗透方向，把浓溶液中的溶剂压到半透膜的另一边稀溶液中，与自然渗透过程相反，因此称为反渗透。反渗透过程必须具备两个条件：一是必须有一种高选择性和高渗透性的半透膜；二是操作压力必须高于溶液的渗透压。

该技术适用范围较广，无论海水、苦咸水，无论大型、中型、小型淡化规模都是适合的。

反渗透工艺流程一般包括：预处理、膜处理和后处理这三大步骤(图 7-1)。

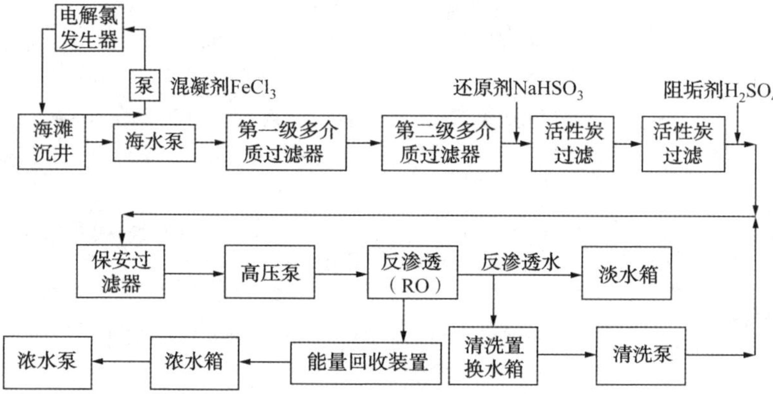

图 7-1　某 500m³/d 反渗透海水淡化的工艺流程图

从成本结构来看，反渗透的能源成本是吨水成本的重要组成部分，占到反渗透吨水成本的 44%左右，反渗透的吨水电耗在 4kW · h 左右(图 7-2)。

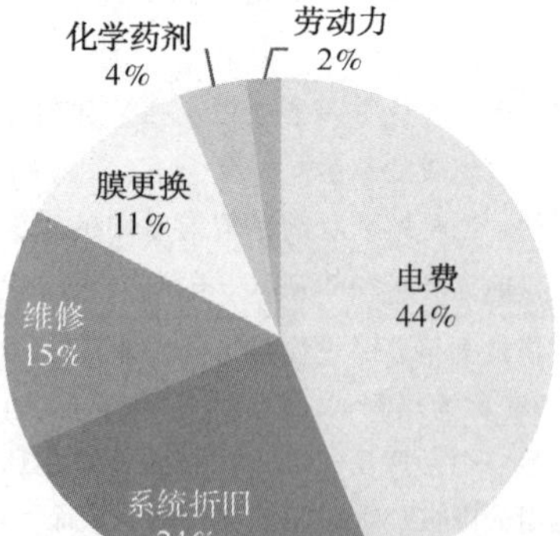

图 7-2　反渗透法吨水成本结构

反渗透海水淡化技术具有设备投资省、能量消耗低、建造周期短等特点，因此与蒸馏法称为海水淡化的主导技术。

2. 多级闪蒸海水淡化技术(MSF)

多级闪蒸淡化原理是将盐水加热到一定温度后引入压力低于其温度所对应的饱和压力的容器(称为闪蒸室)内，由于盐水突然处于过热状态，立即发生闪急蒸馏(简称闪蒸)。产生的蒸汽通过汽水分离网除去蒸汽携带的泡沫和水滴后，进入冷凝管束区域外侧凝结成产品水落入淡水槽中，同时循环盐水由冷凝器管束内流过预热升温。每一级闪蒸蒸发器都是由上述闪蒸室、汽水分离网、冷凝器、淡水槽等构成闪蒸蒸发器。多级闪蒸就是在多个有序串联排列的容器内进行上述过程的。

多级闪蒸技术适应于结合火电厂或核电厂背压透平低位热源的大型海水淡化工程(水电联产工程)；蒸汽透平低压抽气生产高质水，可为高中压锅炉供水。

天津某电厂在1986年引进2×3000t/d的电厂用多级闪蒸海水淡化装置和1997年上马的1200t/d国内设计多级闪蒸海水淡化装置以解决锅炉补充水问题时，进行了低温多效、反渗透、多级闪蒸、低温压汽蒸馏四种淡化方案的比较，最终选择了多级闪蒸海水淡化技术，以充分利用该厂的余热资源，在得到淡水的同时，使电厂的热效率从当时的35%左右提高到了65%左右，提高了能源利用率。

3. 低温多效蒸馏法(MED)

低温多效蒸发是指盐水的最高蒸发温度低于70℃的淡化技术，是将一系列的水平管喷淋降膜蒸发器串联起来，用一定量的蒸汽输入通过多次的蒸发和冷凝，后面一效的温度均低于前面一效，从而得到多倍于输入蒸汽量的蒸馏水的淡化过程。生产出的产品水完全是纯水，不含任何污染物，平均含盐量小于$(5\sim10)\times10^{-6}$。

低温多效海水淡化技术利用发电厂或化工厂等企业的低品位余热(70℃左右的负压蒸汽)，将海水多次蒸发和冷凝达到较高的造水比(10左右)。由于系统的传热系数较高，生产一吨淡水的动力消耗小于1.8kW·h，使其技术经济优势与多级闪蒸(动力消耗4kW·h/m^3)相比更加明显。

低温多效与多级闪蒸相比有如下优势：

① 由于操作温度低，完全避免或减缓了设备的腐蚀和结垢；

② 进料海水的预处理更为简单，不像多级闪蒸必须进行加酸脱气处理；

③ 系统的操作弹性大，该淡化系统可以提供设计值40%~110%的产品水；

④ 系统的动力消耗小，低温多效系统用于输送液体的动力消耗很低，只有(0.9~1.2)kW·h/m^{3}左右；

⑤ 系统的热效率高，30 余℃的温差即可安排 12 以上的传热效数，从而达到 10 以上的造水比；

⑥ 系统的操作安全可靠，即使传热管发生了腐蚀穿孔而泄漏也不影响造水水质。

从成本结构来看(图 7-3)，低温多效蒸发技术能源成本是吨水成本的重要组成部分，占到吨水成本的近 50%(其中 3/4 是热力费用，1/4 是电费)。吨水电耗较反渗透法相对较小，在 1.5kW·h 左右。

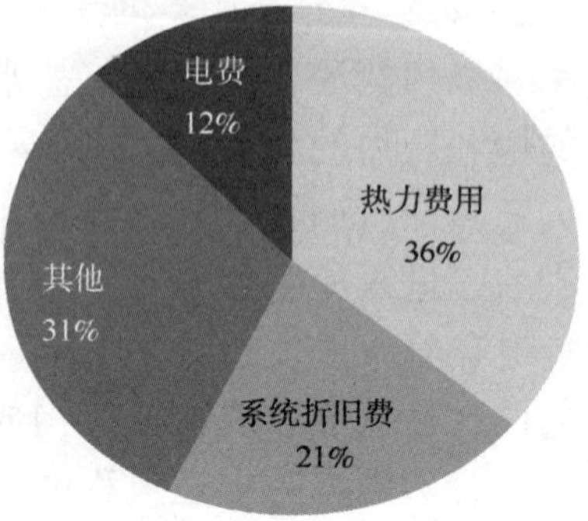

图 7-3　低温多效蒸发吨水成本结构

二、海水淡化技术进展与应用

反渗透(RO)、低温多效(MED)和多级闪蒸(MSF)海水淡化技术是国际上已商业化应用的主流海水淡化技术。我国已掌握反渗透和低温多效海水淡化技术，相关技术达到或接近国际先进水平。

截至 2016 年年底，全国应用反渗透技术的工程 112 个，工程规模 812615t/d，占全国总产水规模的 68.40%；应用低温多效技术的工程 16 个，工程规模 369150t/d，占全国总产水规模的 31.07%；应用多级闪蒸技术的工程 1 个，工程规模 6000t/d，占全国总产水规模的 0.50%；应用电渗析技术的工程 2 个，产水规模 300t/d，占全国总产水规模的 0.03%(图 7-4)。

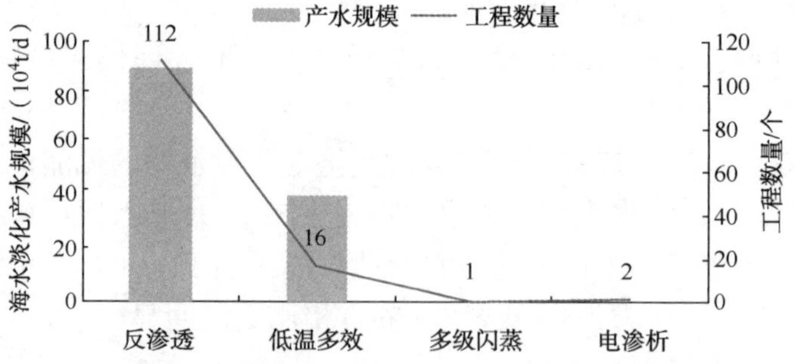

图 7-4　全国海水淡化工程技术应用情况分布图

我国积极推动海水淡化科技创新与关键技术装备研发。2016 年，国家海洋局、财政部批准支持了“新型海水淡化装备创新服务平台”“海水冷却塔塔芯构件产业化”等十个海洋经济创新发展区域示范项目。工业和信息化部、财政部利用绿色制造工程专项支持“零能耗太阳能光热海水淡化关键工艺突破”项目立项建设。“基于钢铁流程预热利用的海水淡化技术研发与示范”等海水利用项目获得国家科技部重点研发计划“水资源高效开发利用”重点专项立项支持。

国家科技支撑计划项目“50000t/d 水电联产与热膜耦合研发及示范”“35000t/d 三倍浓缩多效蒸馏海水淡化技术研究与工程示范”“浓海水梯级利用产业化技术集成及工程应用”以及海洋公益性行业科研专项“海岛多元集成供水技术研究及应用示范”等项目进展顺利，“大型膜法海水淡化系统集成与市政供水示范工程”实施基本完成，在舟山六横建成了 20000t/d 国产化海水淡化示范工程。

我国自主设计建造的神华国华舟山电厂 12000t/d 低温多效和宝钢广东湛江钢铁基地 15000t/d 低温多效海水淡化工程建成投产。福建古雷港经济开发区 10×10^4t/d 海水淡化工程完成项目初步设计。

1. 海水淡化水用途

全国海水淡化工程产水的终端用户主要分为两类：一类是工业用水，另一类是生活用水。截至 2016 年年底，海水淡化水用于工业用水规模是 791385t/d，占总工程规模的 66.61%，其中火电企业 31.60%、核电企业 4.61%、化工企业 5.05%、石化企业 12.30%、钢铁企业 13.05%。用于居民生活用水的工程规模为 392705t/d，占总工程规模的 33.05%，用于绿化等其他用水的工程规模为 3975t/d，占 0.34%（图 7-5）。

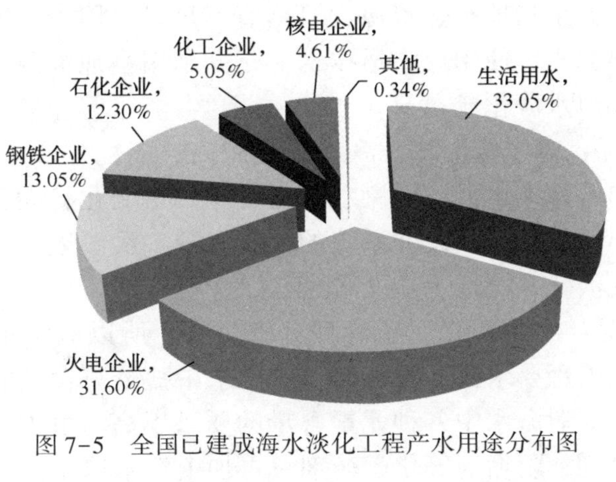

图 7-5　全国已建成海水淡化工程产水用途分布图

2. 海水淡化成本与能源

海水淡化产水成本主要由投资成本、运行维护成本和能源消耗成本构成。其中，运行维护成本包括：维修成本、药剂成本、膜更换成本、管理成本和人力成本等。2016年，海水淡化产水成本主要集中在5~8元/t，主要包括：电力成本、蒸汽成本、药剂成本、膜更换成本、人工及管理成本、维护成本和折旧等。其中，万吨级以上海水淡化工程产水成本平均为6.22元/t；千吨级海水淡化工程产水成本平均为7.20元/t。部分使用本厂发电的海水淡化工程掺水成本可以达到4~5元/t。

2016年，全国已建成海水淡化工程的能源供给以电力为主。在海水淡化与可再生能源耦合技术研究应用方面，新建成100t/d厦门小嶝岛风能、太阳能海水淡化综合利用工程，海洋平台核能海水淡化系统完成试验样机方案设计。

3. 海水淡化需要考虑的因素

无论是蒸馏法，还是反渗透法，均应包括：海水取水系统、海水预处理系统、中心处理系统(海水蒸馏处理系统或反渗透海水淡化系统)、产品水后处理系统、电气及集中监视系统、分散控制系统。由于各系统间彼此关联，互相影响。因此，海水淡化的技术选择需要统筹考虑。

就海水淡化环节而言，目前比较典型的考虑因素有自然因素、成本因素、水质因素等。

(1) 自然因素

自然因素包括：当地的能源、地理位置、海水温度、海水水质和水中微生物情况。对于安全水源的影响分析，可分为以下几种：

① 能源情况：对于海水淡化，能耗是直接决定其成本高低的关键。对于有较为丰富热能的地区，可以选择蒸馏法；而对于缺乏热资源的地区可以应用反渗透技术。如果当地有热资源，但热值不足以应用于蒸馏法，也可以应用低热资源加热海水，使用反渗透技术，充分利用当地资源，提高淡水产出率，降低能耗和海水淡化成本。

② 水温情况：对于蒸馏法，海水温度越高，能耗越低。对于反渗透法，海水温度低，出水效率也低。而海水温度一年四季变化较大，要在不同水温下保持稳定的出水量，必须改变系统的操作参数。反渗透法目前多采用变频控制技术，保证淡化系统稳定、可靠的运行。

③ 水质情况：海水淡化属于物理分离过程，所以对海水的浊度要求较高。浊度大，预处理要求高，投资大。而海水中盐分总含量的变化影响仅表现在出水效率上，对海水中各种元素含量的要求不高。由于在分离前要加一些还原剂、絮凝剂、阻垢剂等化学药剂，再加上海水取水点一般设在水质较好的海域，水质的影响越来越小。

④ 水中微生物的影响：微生物的繁殖可能影响反渗透膜的通透性。一般靠加入杀藻剂和生物法除微生物解决。海生物对海水取水设施危害很大，不

仅因其附着于管道内壁繁殖而堵塞管道，而且由于分泌酸性物质而加速金属腐蚀。我国沿海主要有海虹、藤壶、牡蛎、蛤蜊、苔藓虫、苗藻类等海生物，其中又以海虹、牡蛎危害最重。影响海生物生产和附着的因素有水温、含盐量、表面粗糙度、颜色、光线、pH 值、水深等。水深时水温低含氧量降低，海生物附着也会减少，当水深大于 5m 时，由于浮油生物基本不存在，海虹很难获取养料导致生存受到影响，这也是深层取水的优点之一。

可见，海水的温度越高，淡化效率越高；海水水质越好，处理环节越少；海水地理条件好，需要工程量越小，其总投资就会越少。

（2）成本因素

选择海水淡化技术的主要依据是海水淡化的成本。影响海水淡化项目总投资的主要因素有：技术方法、生产规模、能量消耗、开工效率、设备寿命等。

① 技术方法：目前比较成熟的技术方法有两种，一是蒸馏法，这需要利用余热资源，一般与电厂、化工厂等项目联合；二是反渗透法。据调查，蒸馏法吨水投资在 10000 元左右，反渗透吨水投资在 7000 元左右。

② 生产规模：一般而言，项目规模越大，其吨水投资越小。

对于反渗透而言，目前国内日产千吨反渗透海水淡化项目吨水成本为 5.0 元左右。日产万吨反渗透海水淡化项目吨水成本为 4.5 元左右。

国内外海水淡化的成本差距还较大。国内海水淡化吨水平均成本达到 5~8 元，明显高于海外先进项目(3~4 元)，海水淡化产水成本主要由投资成本、运行维护成本(维修成本、药剂成本、膜更换成本、管理成本和人力成本等)和能源消耗成本构成。其中，国内万吨级以上海水淡化工程平均产水成本 6.37 元/t，千吨级海水淡化工程产水成本 8.44 元/t。以色列海水淡化成本吨水成本达到 3.3~4 元(图 7-6)。

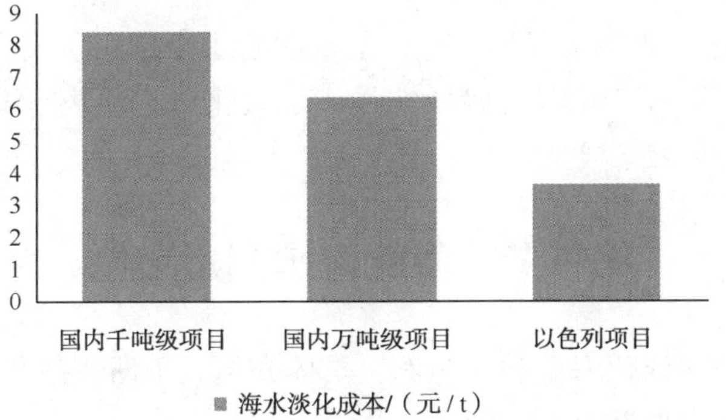

图 7-6　国内、以色列海水淡化项目吨水成本比较

③ 能量消耗：主要是电能消耗。

日产万吨反渗透海水淡化项目单位产水电耗 4.5kW·h，电能消耗占制水成本 65%，占吨水总成本 40%以上。蒸馏法吨水能耗占制水成本的近 50%(其中 3/4 是热力费用，1/4 是电费)，电耗相对较小，在 1.5kW·h 左右。

④ 开工效率：直接影响吨水成本的高低，效率越高吨水成本越低。

⑤ 主要建筑和设备寿命：直接影响折旧费用的高低，折旧费约占总成本的 30%左右。

(3) 水质因素

对于石化生产装置，各个工艺所需的水质要求不同，应考虑根据不同装置用水需求提供不同品质的淡化海水。

① 循环冷却水：石化企业循环冷却水需求量很大，由于风吹损失、蒸发损失、工艺损失、排污损失等项目损失，补水量很大。可以直接利用海水替代循环水的补充水，算上海水成本、加药成本及设备腐蚀投入等，其成本大概在 1 元/t 左右。

② 一般除盐水：相当于自来水水质，这种制水成本高于海水直接利用，低于优质淡化水，通过控制反渗透膜的微孔径大小来实现制水水质的优劣，从而控制成本。这类水质的制水成本在 3 元/吨左右。

③ 锅炉及工艺等用水：需要使用优质淡化水(二级除盐水或除氧水)，对避免结垢或者对工艺引入新的杂质，从而消除因水质对生产工艺造成的影响最终影响终产物质量或收率。所以，对这种水质的要求较高。一般情况下，即使使用自来水，也要对其进行深度处理才可进入生产单元，这就相当于进行了二次处理，其总成本大于海水淡化一次处理成本。在这方面，海水淡化方案要优于自来水。

④ 腐蚀问题：采用反渗透工艺，基本脱除了全部二价离子，同时对氯离子脱除率最小，造成淡化海水腐蚀性强，且淡化海水氯离子高，会造成对不锈钢设备的腐蚀问题。

第三节　淡化海水利用案例

以某石化公司淡化海水利用为例，具体介绍一下所用淡化海水工艺过程、产品水质、用水去向及存在的问题。

一、淡化海水工艺

某石化公司所用淡化海水由某海水淡化公司提供。海水经多个系统处理后，达到产品水水质目标要求，处理工艺由以下几部分组成：

1. 海水取水系统

海水经取水管道至粗格栅用于阻止水生植物和鱼类进入管道中，然后经海水取水泵将海水提升至预处理系统。

2. 预处理系统

海水经混凝、絮凝、沉淀去除悬浮物和色度后，进入预处理系统产品水池。另外，去除的悬浮物等进入污泥储存池，在污泥浓缩池中进行沉淀和压缩，浓缩后的污泥从浓缩池底部排出进入污泥脱水系统。泥饼收集后由专门机构进行处置。

3. 超滤(UF)系统

预处理系统产品水池中的水，经超滤进水泵进入自动清洗过滤器，用以去除水中尺寸较大的颗粒杂质等，以防止其损坏超滤膜，出水进入超滤机组，去除所有的悬浮固体、胶体、细菌和病毒等，再进超滤产品水池。该系统有反冲洗模块，用以去除附着在超滤膜丝上的污染物，从而恢复系统的性能。

4. 海水反渗透(SWRO)系统

超滤产水由海水反渗透系统进水泵和高压泵增压后，输送入海水反渗透系统。海水反渗透单元为单段，系统的回收率为45%。该系统有清洗、冲洗模块，用以去除附着在反渗透膜上的污染物，从而恢复系统的性能。

由于海水反渗透系统浓水量大而且压力高，可以通过能量回收系统(ERS)从中回收能量以节省大量的能源。

5. 苦咸水反渗透(BWRO)系统

该工艺采用两级反渗透系统。海水反渗透系统的出水被收集到产水集水管中由泵输送到苦咸水反渗透系统或根据具体情况直接输送到后处理系统。

海水反渗透的渗透液储存在海水反渗透的产品水池中。苦咸水反渗透系统也采用模块化设计。苦咸水反渗透单元为二段，苦咸水反渗透系统的回收率为90%。

具体工艺步骤如图7-7所示。

6. 后处理和产品水存储系统

氯接触池将对反渗透系统产水进行消毒和pH调节，加氯消毒后的水溢流入产品水储存池、产水由产品水输送泵输送到用户。

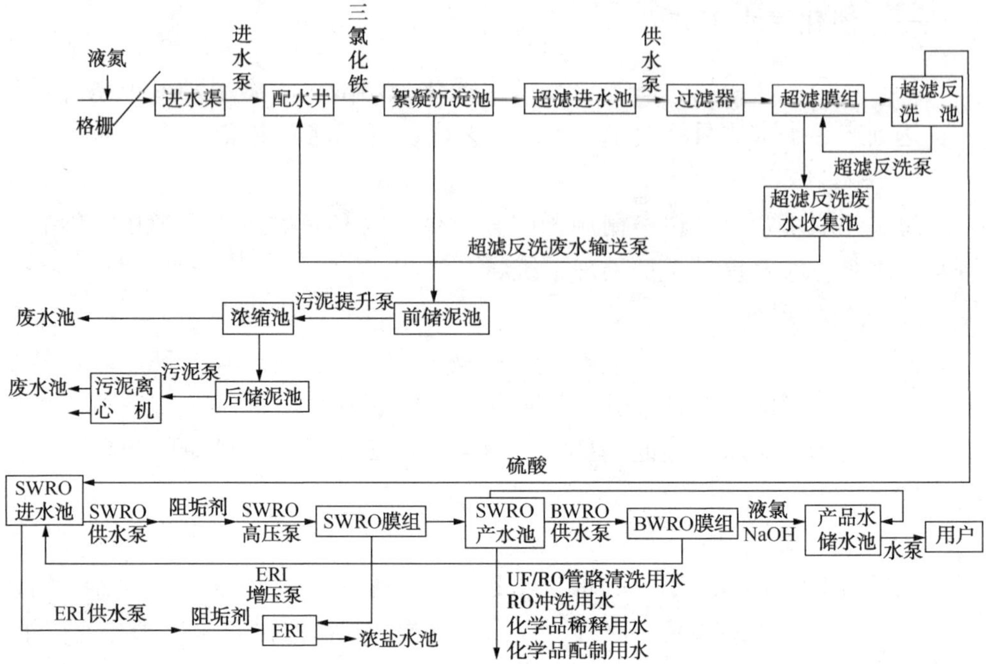

图 7-7　某海水淡化公司海水淡化工艺流程图

7. 化学药剂储存和投加系统

化学药剂投加系统用来调节水质以保证工艺中每一阶段出水水质达到预期的要求。所有化学药剂通过投加系统依情况进行控制和调整。除调节水质外，药剂也用于超滤和反渗透清洗等。包括：加氯间、混凝剂储存加药间、高分子聚合物储存加药间、硫酸储存加药间、亚硫酸氢钠储存加药间、阻垢剂储存加药间、氢氧化钠储存加药间、柠檬酸储存加药间等。

8. 辅助系统

包括污水处理系统将来自超滤、反渗透阶段、污泥处理系统以及可能的化学药剂储藏间意外泄露产生的污水排放到中和池进行中和，然后与其他污水一起排放到大海中；浓盐水排放系统将海水反渗透单元产生的浓盐水作为原料排放到盐田；空气压缩系统用以提供压缩空气。

二、淡化海水水质

某海水淡化公司海水淡化工艺设计充分考虑了渤海湾海水水质较差及最终用户的用水水质要求等因素，结合当前海水淡化技术的发展趋势和在海水淡化领域的经验，产水水质完全满足客户的要求，具体水质见表 7-11。

表 7-11　天津大港新泉海水淡化成品水水质

分析项目	单位	水质	备注
水温	℃	0~40	
色度	度	≤5	通常用铂钴比色法
浊度	NTU	≤1	
溶解性总固体	mg/L	≤470	
电导率	μS/cm	≤915	25℃
总硬度	mg/L 以 $CaCO_3$ 计	≤50	
总碱度	mg/L 以 $CaCO_3$ 计	≤200	
pH		6.5~8.5	
化学耗氧量	mg/L	≤3	高锰酸钾法
游离 CO_2	mg/L	≤88	
含油量	mg/L	≤1	
游离氯	mg/L	0.05~1.0	
总硅	mg/L	≤0.1	
钾	mg/L	≤18	
钠	mg/L	≤190	
钙	mg/L	≤2.8	
镁	mg/L	≤9	
总铁	mg/L	≤0.1	
铝	mg/L	≤0.2	
锰	mg/L	≤0.1	
砷	mg/L	≤0.05	
氨氮	mg/L	≤0.18	
氟	mg/L	≤1.0	
氯根	mg/L	≤180	
硝酸根	mg/L	≤3.9	
硫酸根	mg/L	≤19	
磷酸根	mg/L	≤0.1	
亚硝酸根	mg/L	≤0.2	
SDI_{15}		5.5~6.0	
硼	mg/L	≤3.5	

三、淡化海水用途

某石化公司淡化海水主要用于 100×10^4t/a 乙烯及配套工程用水，总淡化水用水量设计值为 3253~4888m^3/h，主要分为淡化海水供应和混合水供应两个供水系统。

1. 淡化水供水系统

因淡化水用水量波动较大，而化学水站工艺要求供水压力稳定，故将淡化水供水系统分为淡化水系统和供化水站淡化水系统，由淡化水泵及供化水站淡化水泵分别供给，其中淡化水系统供乙烯工程第一循环水场补充水及热电工程生产用水，水量为 1525～2488m^3/h；供化水站淡化水系统供乙烯工程化学水站补充水，水量为 1728～2400m^3/h。

2. 混合水供水系统

乙烯工程第二循环水场补充水对氯离子浓度要求在 68mg/L 以下，淡化水中氯离子为 180mg/L，远远超出其要求。为了节约地下水资源，循环水补充水尽可能地使用海水淡化水，故将海水淡化水与地下水混合，其中淡化水给水为 195～497m^3/h，地下水 351～897m^3/h，混合水 546～1394m^3/h。达到要求的水质标准(表 7-12)后由混合水泵供给第二循环水场。

表 7-12　淡化海水与地下水混合水质

项　　目	单位	许用值
浊度	TU	≤3
pH		6. 8～9. 5
钙硬度+甲基橙碱度(以 $CaCO_3$ 计)	mg/L	≤275
总 Fe	mg/L	≤0. 25
Cu^{2+}	mg/L	≤0. 025
Cl^-	mg/L	≤68
$SO_4^{2-}+Cl^-$	mg/L	≤625
硅酸(SiO_2 计)	mg/L	≤12. 90
$Mg^{2+}\times SiO_2$(Mg^{2+} 以 $CaCO_3$ 计)	mg/L	≤12500
游离氯	mg/L	0. 2～1. 0
NH_3-N	mg/L	≤5
石油类	mg/L	≤1
COD_{Cr}	mg/L	≤25
电导率	μS/cm	≤1200

某石化公司淡化海水具体去向如图 7-8 所示。

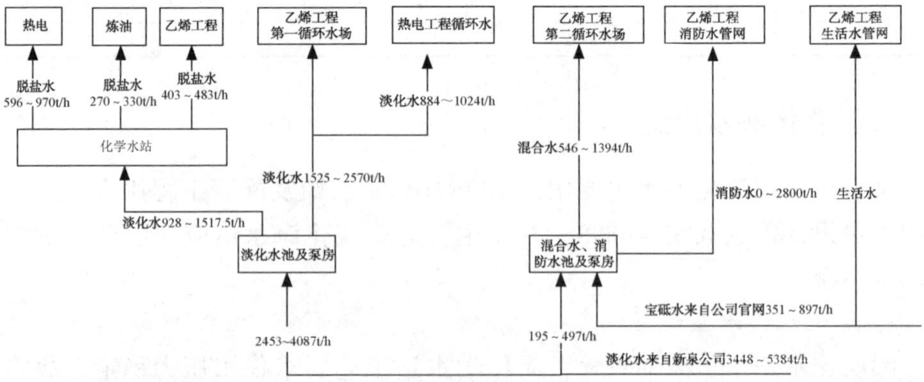

图 7-8　100×10^{4}t/a 乙烯及配套项目供水系统图

参 考 文 献

[1] 李本高，江萍，余正齐，等．现代工业水处理技术与应用[M]．北京：中国石化出版社，2004.

[2] 祁鲁梁，李永存，李本高，等．石油石化工业用水节水实用技术[M]．北京：中国石化出版社，2010.

[3] 李本高，祁鲁梁，李永存．石化工业水处理技术进展[M]．北京：中国石化出版社，1999.

[4] 侯芙生．中国炼油技术[M]．北京：中国石化出版社，2011.

[5] 祁鲁梁，李永存，宋业林．工业用水节水与水处理技术术语大全[M]．北京：中国水利水电出版社，2003.

[6] 祁鲁梁，李永存，李本高．水处理工艺与运行管理实用手册[M]．北京：中国石化出版社，2002.

[7] 胡劲松．安庆石化炼油污水处理现状与对策[J]．安全、健康和环境，2008，8(2)：25-26.

[8] 李勇．高含盐污水的处理技术[J]．石化技术，2017(11)：299.

[9] 张丽风．炼化含盐污水处理技术进展[J]．精细石油化工进展，2012，13(11)：40-42.

[10] 韩政．炼化企业水系统集成优化研究[D]．清华大学，2011.

[11] 田艳荣．炼化难降解废水高效处理研究[D]．兰州大学，2016.

[12] 赵欣梅，王万福，张晓飞．炼化浓盐水处理与资源化工艺探讨[J]．油气田环境保护，2011(1)：11-14.

[13] 焦叙来．炼化污水回用膜浓水处理技术研究[D]．中国石油大学(华东)，2014.

[14] 王炜亮．石化产业生态分析及水资源优化利用研究[D]．同济大学，2007.

[15] 李金玉．高含盐重质原油炼化废水处理研究[D]．北京化工大学，2016.

[16] 张建霞．含盐污水处理系统优化及实施[D]．华南理工大学，2017.

[17] 王碧．石化综合废水及其特征污染物的三维荧光光谱特性研究[D]．兰州交通大学，2017.

[18] 贺继娥，雷洁，刘德华．石油炼制企业含油污水处理工艺分析[J]．化工管理，2017(11)：48.

[19] 赵文军，颜昊，陈永强．石油炼制企业含油污水处理工艺及其特性[J]．陕西环境，2002(2)：10-12.

[20] 武钊，王江涛，赵东俊．含硫污水处理的旋流处理过程分析[J]．当代化工研究，2017(4)：15-16.

[21] 王良均，吴孟周．污水处理技术与工程实例[M]．北京：中国石化出版社，2007.

[22] 凌宁，卢显文．含硫污水汽提处理后净化水回用工艺的开发[J]．石油化工环境保护，2002(3)：5-7.

[23] 刘燕敦．降低酸性水汽提装置净化水 COD 的含量[J]．石油化工安全环保技术，2013，29(5)：50-53.

[24] 李勇，刘忠生．炼厂酸性水汽提的上下游技术[J]．当代化工，2006，35(6)：429-432.
[25] 刘忠生，方向晨．炼油厂酸性水处理技术的应用和研究发展[J]．当代化工，2006，35(2)：134-138.
[26] 李岚．炼油厂酸性水的脱硫除氨技术[J]．石油化工安全环保技术，2010(1)：42-45.
[27] 于峰，宋庆慧，郑宝翚．炼油厂酸性水汽提装置的典型流程和工艺设计参数的选择[J]．石油化工，2014，43(5)：555-560.
[28] 朱秦．炼油净化废水处理及分析[D]．华东理工大学，2012.
[29] 陈飞洋，李飞，姜恒．汽提净化水中酸碱性有机物分析[J]．化学工程师，2017(11)：80-83.
[30] 刘燕敦．提高污水汽提净化水质量的探索[J]．化学工程与装备，2012(5)：173-177.
[31] 姜学艳，李焕，丁禄彬．延迟焦化装置含硫污水排放现状及减量化措施[J]．安全、健康和环境，2016(12)：28-31.
[32] 程丹．天津石化公司节水潜力分析及评价[D]．天津理工大学，2009.
[33] 罗桂甫，张国庆，吴代娟．测定锅炉水和冷却水中氯离子的新方法探讨[J]．工业水处理，2010，30(2)：60-63.
[34] 尹振伟．工业锅炉水处理的现状及对策研究[J]．产业与科技论坛，2013，12(16)：107-109.
[35] 陈墨．工业锅炉水处理现状及问题浅析[J]．科技风，2012(18)：262-263.
[36] 吴兵兵．锅炉水处理存在的问题及应对措施[J]．科技传播，2012(3)：212-216.
[37] 王仲贤，沈红新．新型工业锅炉水处理技术及应用[J]．化学工程与装备，2011(8)：150-153.
[38] 薛岩明，张吉冬，贾洪彬．电厂锅炉化学水处理技术分析[J]．科技创新与应用，2014(24)：108.
[39] 王汝力，于磊．工业锅炉水处理技术的选择应用[J]．化工管理，2017(30)：111.
[40] 余红英．工业锅炉水处理技术研究[J]．化工管理，2019(4)：58.
[41] 施玲．工业锅炉水处理新技术及运用实践分析[J]．化工管理，2018(35)：238-238.
[42] 王文龙．工业锅炉在线物理阻垢、除垢机理及关键技术研究[D]．燕山大学，2015.
[43] 侯恩华．锅炉给水除氧技术的应用[J]．内蒙古科技与经济，2008(2)：90-91.
[44] 李瑞宽．锅炉内加药水处理特点及方法[J]．科学与财富，2014(5)：310-310.
[45] 于型伟，李向进，刘维康．炼化企业高温凝结水除油除铁技术研究及应用进展[J]．广东化工，2014(6)：103-103.
[46] 韩秋月，袁铁军，郑凤梅．炼油厂锅炉化学水系统提升水质优化改造[J]．化工科技，2018(26)：53-56.
[47] 曹殿良．水夹点技术在石化企业中的应用[J]．金山油化纤，2005(1)：22-26.
[48] 李友松，江萍．炼油工艺过程节水的研究与应用效果[J]．化工进展，2009，28(z2)：21-23.
[49] 赵东洋．锦州石化公司炼油污水处理及回用技术研究[D]．辽宁工程技术大学，2005.
[50] 齐贺．石化行业水资源利用网络的优化研究[D]．同济大学，2008.

[51] 张建红，吴礼云，刘正发．水夹点技术应用及解耦合运行研究[J]．给水排水，2010，36(3)：55-58.
[52] 路强，高飞，樊宁安．含硫污水的净化及回收利用[J]．当代化工，2008，37(3)：265-267，272.
[53] 李一平，吴勇．净化水在常减压装置的回用[J]．现代化工，2011，31(s1)：335-337.
[54] 王乐毅，杨涛，卢鹏．净化水在延迟焦化装置的回收利用[J]．石油化工安全环保技术，2016(6)：59-61，78.
[55] 王喜杰．炼化企业含硫污水的措施和综合利用[J]．广西质量监督导报，2008(2)：70，76.
[56] 于潇航，孙建刚，张玉红．炼油厂酸性水的综合利用方法[J]．化工科技，2016(6)：64-67.
[57] 严峻，陈广辉．炼油厂脱硫脱氨净化水的综合利用[J]．石化技术，2001(3)：149-152.
[58] 程志磊．炼油汽提净化水循环回用治理工艺研究[D]．合肥工业大学，2015.
[59] 孙宁飞，高庆安，何保正．酸性水汽提装置节能降耗优化改造[J]．炼油技术与工程，2015(5)：51-54.
[60] 刘成军，邓建勇，温世昌．提高酸性水汽提装置回用水质量并降低能耗的方法探讨[J]．石油与天然气化工，2015(6)：116-121.
[61] 张英，倪喜明．非钠类高效锅炉水处理剂的工业应用[J]．中外能源，2012，17(9)：99-101.
[62] 黄辉．锅炉水循环系统运行状态仿真与事故预防[D]．沈阳航空航天大学，2017.
[63] 尹彦国，刘煜昊，杨中国．大型炼厂凝结水回收利用经验浅谈[J]．化工技术与开发，2012，41(12)：50-51.
[64] 李中华，刘建军，柳正军．电站锅炉排污热回收新技术应用研究[J]．华东电力，2000，28(5)：29-30.
[65] 王浩，沈卫青，尤丽．对炼油厂凝结水回收利用的研究与探讨[J]．化工管理，2012(S1)：3-5.
[66] 郭海峰，伏安林．高温凝结水回收精处理工艺可行性探讨[J]．石油石化节能，2012，02(7)：7-9.
[67] 曾彬．工业锅炉有机膦水化学技术研究[D]．长沙理工大学，2013.
[68] 吴东旭，李哲．关于炼油厂凝结水回收方式的探讨[J]．当代化工，2007，36(2)：154-156.
[69] 肖元科．锅炉间断排污水的回收利用[J]．齐鲁石油化工，2003，31(4)：297-299.
[70] 陈雪华．锅炉凝结水回收利用[J]．电力与能源，1999(4)：23-25.
[71] 何好启．锅炉排污水处理及回用工艺研究[C]．2016 中国水处理技术研讨会暨第 36 届年会．
[72] 唐志云．锅炉排污水的回收与再利用技术[J]．科技情报开发与经济，2012，22(17)：111-113.
[73] 杨冬，徐文忠，陈元芝．锅炉排污水的综合利用[J]．节能技术，2003(5)：29-30.

[74] 白春娥．锅炉排污水回收利用技术探讨[C]．煤炭工业节能减排与循环经济发展．2012.
[75] 陈子彤．锅炉排污水用于烟气脱硫脱氮的技术[J]．煤炭加工与综合利用，1998(1)：39-41.
[76] 刘刚．锅内加药处理在热水锅炉运行中的应用[J]．民营科技，2014(4)：36.
[77] 张秀芬，林微，隋韧锋．锅炉水处理与凝结水再利用浅析[J]．科技风，2009(24)：204.
[78] 穆萍．炼油厂凝结水回收与利用的探讨[J]．石油化工设计，2008(1)：61-64.
[79] 刘浩．炼厂凝结水综合利用节能优化研究[J]．现代化工，2018，38(11)：211-216.
[80] 王玉东．炼油厂蒸汽凝结水处理措施[J]．化工设计通讯，2018，44(2)：206.
[81] 刘晓敏，董石正．炼油厂蒸汽凝结水的回收利用[J]．炼油技术与工程，1999，29(10)：52-55.
[82] 王征，王秀，王金华，李本高．乙烯外排污水回用循环水研究[J]．石油化工，2002，32(增刊)：768-760.
[83] 任炽刚．污水回用循环冷却水技术开发与工业应用[J]．当代石油化工，2003，11(8)：9-13.
[84] 张梅．污水深度处理在石化企业中的应用[J]．石油化工技术与经济，2017，33(2)：38-42.
[85] 李红媛．中水在循环冷却水系统中的应用[J]．资源节约与环保，2015，8：21-22.
[86] 张文星，李本高．炼油厂污水回用于循环冷却水系统的前景探讨[J]．环境工程，1998，12：
[87] 于文云，王红，李本高．污水回用技术在乙烯循环水系统的工业应用[J]．工业水处理，2004，24(2)：67-69.
[88] 李本高，汪燮卿．污水回用技术进展与发展趋势[J]．工业用水与废水，2006，37(8)：1-6.
[89] 吴潮汉，徐军，潘宏南，等．炼油厂外排污水直接回用于循环水工业运行[J]．2002，22(8)：60-62.
[90] 姚平经，华贲，项曙光，杨友麒．工业用水节约与废水减量[M]．北京：中国石化出版社，2001.
[91] 杨友麒．节水减排优化水网络的集成[J]．计算机与应用化学，2004，21(1)：25-30.
[92] 韩洪武，曾杰．乙烯厂污水回用实例介绍[J]．当代化工，2014，43(8)：1543-1545.
[93] 黄河雨，牛犇．循环冷却水排污水深度处理回用研究进展[J]．应用化工，2017，46(11)：2223-2226.
[94] 常来军．市政污水回用深度处理中双膜法的应用[J]．智能环保，2017，7：120-121.
[95] 白雪．世界级炼厂污水回用系统的环保实践[J]．资源与环境，2017，43(7)：190，193.
[96] 刘娟．超滤，反渗透组合工艺在石化污水回用中的应用[J]．石油石化绿色低碳，2016，1(5)：43-48.
[97] 农任秋．A/O-MBR 工艺在炼油污水回用中的应用[J]．水处理技术，2018，44(3)：125-128.